人工智能与大数据系列

快速上手Scala
Spark大数据分析入门

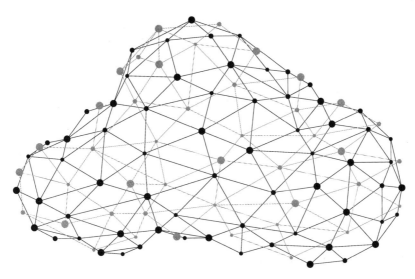

[澳]Irfan Elahi 著

杜金源 张真亦 译

电子工业出版社

Publishing House of Electronics Industry

北京 · BEIJING

内 容 简 介

本书是一本为 Scala 和 Spark 初学者准备的入门书籍，很适合准备踏入大数据开发领域的新手和其他对此感兴趣的读者阅读。本书在内容上遵循从宏观到微观、由浅入深递进式的讲解方式，涵盖了 Spark 入门开发所需的 Scala 基础知识。具体来说，本书按照如下顺序进行介绍。

首先，前三章从宏观上介绍了 Scala 语言，包括初识 Scala、安装 Scala 及使用 Scala Shell 工具。

其次，第四章到第十二章是本书的重点，详细介绍了与 Spark 开发密切相关的 Scala 语法，包括变量、数据类型、条件语句、代码块、函数、集合、循环、类和包，以及与异常处理相关的内容，每一章都对某个语法点进行深入探索。

再次，第十三章介绍了如何把写好的 Scala 代码进行编译和打包。

最后，第十四章介绍了 Spark 的入门实践，将前面章节所学到的 Scala 知识运用到 Spark 开发中。

此外，本书提供了丰富生动的代码示例和章末练习，如果读者能够加以实践并思考，一定会收获颇丰！

First published in English under the title

Scala Programming for Big Data Analytics: Get Started With Big Data Analytics Using

Apache Spark by Irfan Elahi

Copyright © Irfan Elahi, 2019

This edition has been translated and published under licence from APress Media, LLC, part of Springer Nature.

本书简体中文版专有翻译出版权由 APress Media, LLC, part of Springer Nature 授予电子工业出版社。
版权贸易合同登记号 图字：01-2020-4238

图书在版编目（CIP）数据

快速上手 Scala：Spark 大数据分析入门 /（澳）尔凡伊拉希（Irfan Elahi）著；杜金源，张真亦译.
—北京：电子工业出版社，2021.6
（人工智能与大数据系列）

书名原文: Scala Programming for Big Data Analytics: Get Started With Big Data Analytics Using Apache Spark

ISBN 978-7-121-41385-8

Ⅰ. ①快… Ⅱ. ①尔… ②杜… ③张… Ⅲ. ①JAVA 语言—程序设计②数据处理软件 Ⅳ. ①TP312.8②TP274

中国版本图书馆 CIP 数据核字（2021）第 115059 号

责任编辑：刘志红（lzhmails@phei.com.cn）   特约编辑：李 姣
印　　刷：天津画中画印刷有限公司
装　　订：天津画中画印刷有限公司
出版发行：电子工业出版社
　　　　　北京市海淀区万寿路 173 信箱　邮编：100036
开　　本：720×980　1/16　印张：15.25　字数：341.6 千字
版　　次：2021 年 6 月第 1 版
印　　次：2021 年 6 月第 1 次印刷
定　　价：108.00 元

凡所购买电子工业出版社图书有缺损问题，请向购买书店调换。若书店售缺，请与本社发行部联系，联系及邮购电话：（010）88254888，88258888。

质量投诉请发邮件至 zlts@phei.com.cn，盗版侵权举报请发邮件至 dbqq@phei.com.cn。

本书咨询联系方式：（010）88254479，lzhmails@phei.com.cn。

献给我的父母和妻子，
是他们一直信任和支持我，
成就了今天的我。

译者序

译者在刚开始做大数据开发的那几年，曾经分别使用 Java 和 Scala 语言开发过 Spark 的工业级应用，既有普通的离线计算任务，也有涉及处理千亿级别数据的实时流计算任务。Spark 之所以提供了 Java SDK，是因为原生掌握 Java 技能的大数据工程师很多，所以适合大团队一起协同开发和维护 Spark 应用程序。

随着 Spark 在大数据领域的普及，Scala 也被越来越多的工程师所熟悉。Spark 的源码是使用 Scala 编写的，所以对于想体验原汁原味的 Spark 应用开发的工程师来说，当然是使用 Scala 来开发 Spark 更自然。对于想要学习 Spark 开发的工程师来说，译者认为提前学习 Scala 是一个必修课，掌握 Scala 将能深刻体会 Spark 正是由于从内而外受到了 Scala 函数式编程语言风格的影响而设计的。

本书从 Scala 入门开始介绍，从 Scala 的基本概念、变量、数据类型、函数编程到上手第一个 Spark 应用开发娓娓道来，适合那些刚刚踏入大数据开发领域的读者阅读。

译 者

2021 年 3 月

关于作者 ◀◀

Irfan Elahi 目前在澳大利亚德勤工作，专攻大数据和机器学习方向。在端到端的生命周期方案及在云环境（Azure、AWS 和 GCP）中设计、开发和部署生产级大数据分析解决方案架构方面，他拥有丰富经验，这些环境包含广泛的业务案例（包括数据湖、可伸缩预测和图形分析、流处理等）。他的经验延伸到大数据分析的DevOps、平台治理和管理方面。除了他的专业成就，2017 年，Irfan 还在悉尼 DataWorks 峰会上介绍了内存大数据技术，并在世界各地的大学和会议上进行了展示。他还在 Apache Spark 上开设了 Udemy 课程，用于大数据分析和数据科学的 R 编程，给来自 150 多个国家的数千名学生教授相关知识。

关于本书的技术审校者 ◀◀

Manoj 已经在软件行业工作了 19 年。他拥有工学学位，至今依然继续着激动人心的 IT 之旅。

作为 TatvaSoft 的首席架构师，Manoj 在公司中积极地参与各种项目，从参与培训和管理团队，领导数据科学和 ML 实践，到成功地设计来自不同功能领域的客户解决方案。

最初他是一名 Java 程序员。幸运的是，他曾使用多种语言开发过多个框架，自称是一名全栈开发人员。在过去的五年里，他在 BI、大数据、机器学习等领域开展了工作，使用 Hitachi Vantara （Pentaho）、Hadoop 生态系统、TensorFlow、Python 等技术。

他热衷于学习新技术、新趋势和审校技术书籍。Manoj 非常激动能有机会审校这本书，也感谢他的两个女儿：Ayushee 和 Ananyaa，感谢她们对他工作的理解和支持。

致谢

生活中，通常会有许多人对你的成功有直接或者间接的影响，这一事实更证明了一个观点，即书中的致谢部分很难做到尽善尽美。尽管如此，我还是会尽我最大的努力提前向那些我没有明确提到的人道歉：请放心，你的贡献会得到应有的肯定。

在写书过程中，精神上的支持为一个人提供了动力，树立了写作和完成一本书的里程碑。在这种情况下，我怎么强调我的父母和妻子对我的精神支持都不为过，他们一直在我身边，他们的鼓励和信任是我创作的真正动力。此外，我还要感谢我工作上的朋友 Shahban Riaz 和 Fahad Sohail，他们从更广的角度分享了他们的反馈，帮助我实现如何让这本书更好地与目标读者产生共鸣。

将想法从一个新生的状态转变成一本书是一个复杂的过程，感谢 Apress 对我的支持。但这过程被显著地简化了，我要感谢 Celestin Suresh John，他给了我信心，并对本书写作提出了许多中肯的建议。Aditee Mirashi 是一个非常棒的编辑，在本书完成的过程中，和她的合作令人非常满意。感谢 Matthew Moodie 投入了他的时间和精力来彻底审查我的书，找出了错误和改进之处。另一个巨大的荣誉归于 Manoj Patil，他对本书进行了技术审校。与 Apress 一起工作的经历也让我受益很多。

如果我不承认那些在大数据分析领域帮助我走向卓越的人，这一部分将是不完整的。我非常感谢我的哥哥，在我职业生涯的最初支持我进入了这一领域。最后，我要感谢我现在的雇主德勤，它让我能够通过从事具有挑战性、真实的项目来应用（并提高）我的技能。非常感谢 Murad Khan（和其他德勤合伙人），感谢他们信任我在大数据和战略分析方面的工作能力。

作　者

序

作为澳大利亚最大专业服务公司之一的管理层人员，我经常因为给公司引进了人才而得到好评。我并不否认我成功地推荐了 Irfan。这不仅仅是因为 Irfan 是我职业生涯中遇到的最专注的专业人士之一，还因为他拥有一种不可思议的能力，他能够解决他遇到的每一个挑战。这本书，以类似的方式，试图解决大数据分析 Scala 编程的所有问题。每一页都是值得阅读的，因为它是 Irfan 多年来在公司工作中解决的一系列真实问题的经验总结。这本书包含了 Irfan 独特的教学方法，再加上他对最佳实践的强调和对细节的关注。因此，我确信本书对读者将具有重要的价值。

Murad Khan

合作伙伴 | 咨询 | 分析& 认知

Deloitte Touche Tohmatsu, Australia

引言

首先，祝贺你决定阅读这本书！

要知道，你的这个决定将具有重大的意义，你将从这本书中获取你所希望学习的知识。在引言部分，我们将讲述学习这项技能的背景与期望，以便你拥有最佳的学习路径。

从本书的标题和描述中可以看出，这本书是关于 Scala 的。学习 Scala 的基础知识，因为 Scala 是目前最热门、最受欢迎的编程语言之一。随着 Apache Spark 和 Kafka 等大数据平台的崛起，人们对 Scala 的学习需求也进一步飙升。因此，如果肯付出时间，那么学习 Scala 的决定肯定是意义斐然的。另外，本书的标题还非常清晰地表明了本书的适用范围：用于大数据分析的 Scala 编程。

Scala 是一门通用语言，可以用于许多场景，如大数据开发、Web 应用程序开发和数值计算等。本书的重点在于大数据开发，话虽如此，但本书并没有详细讲解大数据开发的相关知识，而是简要讲解了 Scala 语言的一些概念。这些概念与大数据开发息息相关。

现在你可能会问，学习这些重要吗？为什么要学习这本书呢？让我简要地介绍一下自己以回答你的这些疑问吧！我从事大数据和机器学习工作多年，我可以很自豪地说，我是一个自学成才的工程师或者说是数据科学家。我自学了大数据领域中用到的技术、框架、文献和工具等。所以我能与那些在这个领域刚起步的人有强烈的共鸣，并且理解他们可能会面临的挑战，因为我的职业生涯中也遇到过类似的挑战。大数据和机器学习（或一般的数据科学）是内容繁杂的领域，一个人很容易因为需要学习的东西太多而被搞得不知所措。特别是在大数据开发方向，我见过一些没有计算机背景的人，或者即使有，他们也会遇到一个关键的瓶颈：他们并不擅长使用大数据领域的标准语言。Hadoop 相关的大数据技术主要是用 Java 开发的。而许多最近被广泛使用的大数据技术，如 Apache Spark 和 Kafka，则是用 Scala 开发的。

具体来说，Apache Spark 是目前使用最广泛的大数据处理框架之一，可以应用于很多场景中（这将在后续章节中详细阐述），是用 Scala 开发的。如果想在项目中使用 Spark，那么应该学习 Scala。这就是学习时面临挑战的地方！大数据工程师需要在学习 Scala 技能方面付出更多努力，这是使用 Spark 的先决条件。但是，他们读的书太多，书的内容太过详细，而且对 Scala 的介绍也过于深入。通常，这些书中的很多内容对于刚开始学习开发 Spark 并不是重要的。正是出于这个原因，作为领先的 Hadoop 商业供应商之一，Cloudera 为所有想学习并参加 Spark 和 Hadoop 开发认证计划的人提供了"刚好够用的 Scala"培训。如果你有能力参加他们价格昂贵的培训，那当然再好不过。或者，如果你想从一个自学的大数据工程师那里学习足够多的 Scala 知识，而且他目前还在这个行业工作，并一直在使用 Scala 语言进行大数据及通用应用程序的开发，那正是本书所能提供的帮助。可以通过我在本书中分享的知识和经验，以一种专注而务实的方式熟练地使用 Scala。如果你问我的话，我认为没有什么能比这个更有价值。

说到这里，让我快速地总结出这本书中的一些独到之处。这本书涵盖了刚开始进行 Spark 开发的相关 Scala 概念。即使是这些概念也有其自身的深度，我将在本书中介绍这些概念所需的学习深度，以及大量需要动手实践的例子。此外，我将重点介绍那些还需要自己学习的东西。你可能会发现本书这种风格不同于那些涵盖所有 Scala 内容的书籍，因为一旦开始介绍这些概念的细节，这本书就将偏离它的重点——帮助你快速掌握 Scala，以便你能够集中更多的精力学习 Spark。

所以你会发现我建议你重点研究某些特定的主题和概念。我是从参加许多知名公司的培训活动中获得的这种灵感，如 Cloudera 和微软，他们会抛出一个问题，并希望你自己解决这个问题，而不是依赖于讲师的指导。事实证明，这些培训方案是非常有效的。同样，在这本书中，如果你遵循我强调的要点进行学习，它将是很有价值的，因为它将拓宽你的知识面，并提升你的技能水平。但如果你不这样做，你仍然可以从本书中学到很多，关键在于你想投入多少学习成本。因此，话不多说，让我们开始学习 Scala 吧！你会发现我的教学风格是有趣且吸引人的，因为我是以一种独特的方式进行教学的。这就是为什么我现在是德勤的数据科学培训师的原因。我在大学论坛、全球峰会和学术会议上都发表过演讲，并且有成千上万的学生都注册了我的 Udemy 课程。

现在，就让我们开始学习吧！

目录

第一章　Scala 语言

第二章　安装 Scala

第三章　使用 Scala Shell

第四章　变量

第五章　数据类型

第六章　条件语句

第七章　代码块

第十一章　类和包

第十二章　异常处理

第十三章　编译和打包

第十四章　你好，Apache Spark

第一章
Scala 语言

编程语言自面世以来发展得日趋完善。多年来，人们为了应对不同场景下的需求与挑战，从只有 0 和 1 组成的二进制编程语言，发展成大量拥有不同特点的语言。其中，有一部分语言被应用于特定的场景，如专门用来开发 web 应用程序的语言，或者是用在数据科学和机器学习领域的语言，再或者是被建议用在 Windows 操作系统上开发应用程序的语言等。但所有的语言都有一个核心目的，就是使开发人员能够用计算机可以理解的方式来编写指令，并最终完成特定的任务。

编程语言通常被分以下几类，这将有助于理解相关内容。

- 高级或低级语言——涉及抽象程度，即代码和计算机实际操作指令的差距。
- 面向对象的语言——涉及程序设计，由对象、对象的属性、对象的方法及它们之间的交互所组成。
- 静态或动态语言——涉及关联程度，即类型与其对象之间的关联强度。

注意： 类型（type）是编程语言中的常用术语。它是指在程序中创建和使用某些信息时的数据类型。例如，如果想使用数字，就会有一些类型如 Integer 可供选择，或者想编写字母和数字组成的字符，如 "Samsung Galaxy S7"，那就使用 String 类型。

- 函数式编程——涉及函数在某种语言中的重要程度，即它们是否和对象一样拥有同等地位。例如，是否可以作为变量，是否能作为参数传递，是否拥有变量的不可变性等。

理解编程语言的另一种方法是要知道有些语言是其他语言的派生。如 Scala 其实是 Java 语言的超集，或者说派生。Scala 代码会被编译成 Java 特有的格式，即 Java 字节码（Java bytecode），并在 Java 虚拟机环境下运行。尽管 Python 代码有很多实现方式，如 CPython 和 Jython，但实际上都是用 C 语言编译的。

简而言之，编程语言使人们与计算机系统打交道变得简单，它们能帮助人们使用计算机能够理解并处理的指令来解决许多问题——从简单的数学计算到处理分布式系统中的数据。

关于编程语言的概述有很多相关资料，这里就不多做阐述了。接下来会重点介绍有关 Scala 的一些重要的、有趣的特性，特别是在大数据分析和 Apache Spark 开发中会涉及的内容。

初识 Scala ▶▶

Scala 是 Scalable Language（可伸缩语言）的缩写，2003 年诞生于瑞士洛桑联邦理工学院（EPFL），它以实现高性能、高并发为目标，并结合了 Java 虚拟机（JVM）平台以下两种主要编程模式的优点：

- 面向对象编程
- 函数式编程

这两种模式都能够以一种高效和可重用的方式来解决手头的问题。面向对象编程致力于构建对象及其与其他对象的交互；函数式编程集中于函数是编程中的主要对象，并且其具有数据不可变性（参见链接：https://www.scala-lang.org/old/node/3069），使用 Scala 可以提高开发人员的工作效率，这是因为它能够使代码变得更健壮（由于使用了很多不可变结构，从而减少了许多副作用）、更简单、更有表现力。Scala 是一门静态类型语言（严格遵守变量的数据类型）。在其他语言中，如 Python，如果定义了一个变量，则可以在其中存储数字或字符串；但是，像 Scala 这样的静态类型语言，则不能将数字值存储在字符串变量中，这样做会导致错误，特别是生产环境中的应用程序在处理数据时，此特性会非常有用。稍后本章将介绍更多有关静态类型的内容。

为什么要学习 Scala ▶▶

　　Scala 是大数据开发领域的通用语言，特别是需要用到分布式计算框架 Apache Spark 时。现在看看 Scala 的使用现状。

- 在世界各地，精通 Scala 的程序员都会被称为是"大牛"，他们在市场上有很强的优势，并且能够获得极具竞争力的薪酬（参见网址：https://adtmag.com/articles/2017/08/18/go-scala-salaries.aspx）。

- Scala 在各种规模的公司中都极具地位，其中包括 Netflix、LinkedIn 和 Twitter（链接：https://techcrunch.com/2016/06/14/scala-is -the-new-golden-child/）。

- 在针对世界各地开发人员的调查中，Scala 都占据了突出的位置，这表明全球的开发者都对这种编程语言有强烈的兴趣（参见网址：https://jaxenter.com/Survey-Response-top-Programming-Languages-131820.html）。

Scala 和 Java ▶▶

　　Java 是最有名气和使用最广泛的编程语言之一，目前有超过 10 亿个设备都在使用 Java。Java 成功的原因之一是其具有的跨平台特性，即"一次编译，到处运行"，如一段代码能同时运行在 Windows 或者 Linux 系统上。

　　如果了解过大数据，就应该听说过 Hadoop，它也是一个大数据平台框架。实际上，Hadoop 是由一系列服务组成的，并且主要用 Java 语言的开发实现。

　　建议了解下 Java、Java 运行环境（Java Runtime Environment，JRE）、Java 开发工具包（Java Development Kit，JDK）、Java 虚拟机（JVM）和 Java 字节码的概念，从长远来看，这些内容将对学习 Scala 有所帮助。

▶▶ Scala 和 Java 的关系

　　Scala 被视为是 JVM 系的语言，这就意味着在编译 Scala 代码时，它实际上被编译成了

Java 字节码。Java 字节码是一种由 JVM 执行的抽象机器语言，或者说指令集，可以将 JVM 看作一个执行其他程序的程序（在 Java 上下文中，它运行的是 Java 代码），它就像一个能运行在任何操作系统之上的虚拟环境（也叫平台无关性），并能对系统资源进行管理。因此，Scala 代码先被编译成 Java 字节码，字节码再在 JVM 中运行。

虽然 Scala 和 Java 有诸多相似之处，但两者也存在差异。从某种意义上来讲，Scala 试图解决 Java 的一些不足之处，其中之一便是 Java 的冗余性，本章的后面几节将进一步阐述这部分内容。

▶▶ 与 Java 库进行交互

由于 Scala 是一种 JVM 语言，所以在 Scala 中可以使用 Java 语言的库，这是一个很强大的特性！Java 拥有一个巨大的、适用于各种场景的库生态系统，可以在 Scala 程序中直接使用它。虽然 Scala 也有自己的库体系，并且这个库系统还在不断增长中，但是能够使用 Java 库能大大增加 Scala 的可用性和多样性。

▶▶ Scala 和 Java 的代码量

Scala 和 Java 这两种语言之间有一个很有意思的不同点，那就是实现同一个功能的代码量的大小不同。这里的代码量是指需要编写多少行代码来完成一项任务。Java 常常因为代码过于冗长而备受诟病，也就是说，像完成在屏幕上打印消息这样简单的任务，Java 都必须得编写大量代码才能实现；而 Scala 写起来就简洁多了。此外，由于 Scala 是一种函数式编程语言，其优点之一就是允许人们以很简洁的方式来完成许多操作，如在循环操作时，并不需要显式地编写循环语句。对 Scala 的这一特性或许现在还没感到有什么特殊之处，请不要着急，后面章节还会不断地用到这一特性。

下面这个例子很好地比较了 Java 和 Scala 的代码量。首先是 Java 的代码量：

```
public class Person {
    private final String name;
    private final double age;
    public Person(String name, double providedAge) {
```

```
        this.name = name;
        this.age = providedAge;
    }
    @Override
    public int hashCode() {
        int hash = 10;
        hash = 23 * hash + Objects.hashCode(this.name);
        return hash;
    }
    @Override
    public boolean equals(Object obj) {
        if (obj == null) {
            return false;
        }
        if (getClass() != obj.getClass()) {
            return false;
        }
        final Test other = (Test) obj;
        if (!Objects.equals(this.name, other.name)) {
            return false;
        }
        if (Double.doubleToLongBits(this.age) != Double.
doubleToLongBits(other.age)) {
            return false;
        }
        return true;
    }
    @Override
    public String toString() {
        return "Test{" + "name=" + name + ", age=" + age + '}';
    }
}
```

而同样的功能，用 Scala 实现时的代码则是：

```
case class Person(name: String, age: double)
```

可见，Scala 的这个特点最终将转化为提高开发效率和降低代码维护成本。

Scala：一种静态类型语言 ▶▶

在比较不同的编程语言时，有一个需要被关注的特性就是该语言是否是静态类型的。如果一种语言是静态类型的，这也就意味着它就会有一个类型系统，在编译代码时要进行类型检查。例如，如果在模块或者函数中指定了某种类型的输入参数，那么静态类型语言会在编译时检查该参数的类型是否正确。同时，编程语言是静态类型还意味着当人们定义一个变量时，必须先指定它的类型，并且这个变量也只能存储该类型的值。

而在动态类型语言中，对类型的检查是在运行时（当程序实际运行时）执行的。但在运行时发现和处理错误是有风险的，所以最好在代码被执行之前，也就是在编译期间就能发现错误。

Scala 和 Java 一样，同属于静态类型语言。一些非静态类型语言包括 Lua、Python 等。

Apache Spark 与 Scala ▶▶

Scala 的兴起离不开大数据的迅猛发展。大数据在不同的上下文中可以有很多种解释。例如，一种解释是，如果不能在单台机器上处理数据，就必须要通过若干台能够互相通信的机器（集群）来完成操作，这些机器协同工作，以分布式的方式来执行计算。这其实是可伸缩计算的一个范例，在此之前，我们会通过增强单台服务器的硬件性能来提高处理能力。然而，单个机器的扩展范围总是有限的，所以，为了使性能得到提升，就必须通过集群的方式来实现。

在大数据领域，人们会经常听到 Hadoop 这个词。如前面所说，Hadoop 是一系列服务和软件的集合，这些服务和软件通过协同工作来完成大数据的计算和存储。Hadoop 涉及的内容很多，在这里我只想强调一点，即 Hadoop 中的服务主要分为两类：存储和计算。虽然很想让人们一睹 Hadoop 的风采，但由于篇幅所限，在这里我只介绍计算服务。

为了实现计算功能，Hadoop 提供了许多工具、服务和框架，这些工具或框架允许在一组机器上并行地执行任务。Hadoop 生态中最早的计算框架是 MapReduce，后来又产生了许多其他框架，包括 Apache Spark、Apache Storm、Apache Flink 和 Apache Impala 等。其中，属 Apache Spark 框架最引人注目，并且它也已经成为许多大数据工作的首选方案，如 ETL（提取、转换和加载）、机器学习和图形分析等。

很多人可能想不到，Spark 的源码是用 Scala 写的。如果想使用 Spark，可以用它提供的 API（应用程序编程接口，提供能够与系统交互的库）。虽然 Spark 也支持用其他语言开发，包括 Python、Java 和 R，但它们都不如 Scala。

现在来了解下 Spark。

Spark 的计算及任务之间的数据通信主要借助内存完成。而在这之前，像 MapReduce 这样的计算引擎则需要大量的磁盘 I/O 来协助完成任务。通常，大数据任务的工作流会由若干阶段组成。例如，如果想要统计文档中各个单词出现的频率，一般会经历以下几个步骤：

（1）载入文件。

（2）切分单词，将文档中的每一行都转换为若干个单词。

（3）将每个单词转换形式，如将某个单词"word"转换为（word，1）。

（4）把相同的单词汇总到一起，对数字"1"进行累加。

经过这几个步骤，就能统计出文档中各个单词出现的频率了。我们将任务划分为几个阶段，如果使用 MapReduce，那么中间阶段的计算结果会先写入到磁盘中，以供后续的阶段使用。

但这里存在一个问题，即磁盘 I/O 操作的代价是很高的。所谓代价高，是指一次磁盘 I/O 操作需要花费大量时间。相比之下，在内存里操作就快多了，而这正是 Spark 可以实现计算能力最大化及提升计算性能的原因，即中间阶段的结果不会被写入磁盘，而是存储在内存中（更具体地说，是 JVM 上的堆内存中）。有数据表明，Spark 比 MapReduce 快了 100 倍（参见网址：https://dzone.com/articles/apache-spark-introduction-and-its-comparison-to-ma）。图 1-1 所示着重强调了 Hadoop MapReduce 和 Spark 之间的区别，这是 Spark 明显快于 MapReduce 的原因之一。

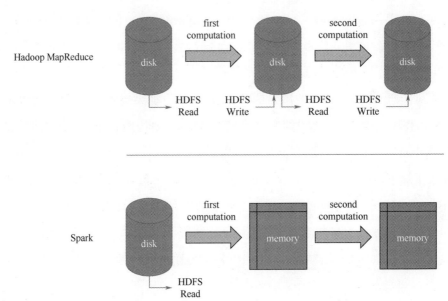

图 1-1　Hadoop MapReduce 和 Spark 之间输入、输出（I/O）操作的比较

正是由于这个原因，Spark 被世界各国的公司和个人所广泛使用，它也是目前最活跃的开源 Apache 项目，并且 Apache Spark 社区也在不断地完善它。

由于 Apache Spark 是用 Scala 编写的，因此 Scala 拥有了特殊和有利的地位。无论何时，只要想用 Spark，Scala 就应该是首选。这种选择背后的原因是多方面的，首先，Spark 正在不断发展，官方会定期发布新版本，而新版本提供的所有新的语言特性最初都只提供给 Scala API。虽然 Spark API 也可以通过如 Python 和 R 来使用，但是只有 Scala API 才会支持新特性。

其次，由于 Spark 是开源的，开发人员可以通过修改源码来实现新功能。同时，为了使用 Spark 的类和函数，需要查看源码来理解它们的作用，这就要求人们要熟练掌握 Scala。

Spark 并不是大数据领域中唯一使用 Scala 开发的项目，许多其他著名的产品，如 Apache Kafka 和 Apache Samza，也是用 Scala 开发的。

Scala 的性能 ▶▶

关于这个话题有很多争论，但事实是使用 Scala 开发 Spark 才能获得最佳性能。Databricks 是一家商业性质的大数据供应商，同时也是 Spark 的创建者，它分别对用 Python 和 Scala 开发 Spark 时的性能进行了全面的研究比较，研究结果可从以下链接中获得：https://databricks.com/blog/2015/04/24/recent-performance-improvements-in-apache-spark-sql-python-dataframes-and- more.html。

这项研究清楚地表明，当使用 Spark API 中的 RDD（Spark 中的核心抽象，暂时将它们看作数组）时，用 Scala 开发还是用 Python 开发对性能的影响差别很大。而当使用 Spark API 提供的另一种数据结构 DataFrames 时，二者的性能差异变得可以忽略不计。不过，使用 RDD 的场景还是非常多的，因此使用不同的语言来开发 Spark，会对其性能产生重大影响。

在执行速度 JVM 类型语言方面，优于解释型语言，这个结果背后有很多技术方面的原因，对此我们不再深究。对大多数人来说，只要掌握了 Scala，就能确保你可以编写出具有最佳性能水平的程序（当然，首先你得写出正确的代码）。

学习 Apache Spark ▶▶

尽管本书内容是关于 Scala 语言的，而学习 Scala 之后的下一步自然是学习 Spark。如果想通过我的在线课程来学习 Spark，可以通过访问下面的链接注册该课程，它已经多次成为网站上评分最高的课程，参见网址：https://www.udemy. com/apache-spark-hands-on-course-big-data- analytics/。

练　习

- 了解 Java 语言及其相关术语，如 JDK、JRE、字节码和 JVM。

- 了解 Scala 诞生的原因。

- 研究更多关于 Apache Spark 的内容。

- 了解大数据的不同使用场景。

- 了解 Scala 的各种应用。

- 研究由 Scala 开发的其他著名产品，如果可以，再了解下它们为什么用 Scala 开发。

- 研究某些语言在性能上的表现，如 Python。

第二章
安装 Scala

在使用 Scala 开发程序或者探索 Apache Spark 之前，需要先在系统中安装 Scala。即使系统中没有安装 Scala，也可以打开 Notepad 或任何可选择的文本编辑器，编写 Scala 代码/表达式，然后以.scala 扩展名保存该文件。但是，这并不能帮助我们实现预期的目标，即编译编写的程序、运行 Scala 程序或打包它（主要以 JAR 文件的形式）。何况现在人们还不会使用 Scala shell 附带的功能（稍后详细介绍）。如果系统上安装了 Scala，那么这些特性和许多其他特性都是默认启用的。

值得一提的是，我们有许多在线工具可用，包括 Scastie（https://scastie.scala-lang.org）和 Databricks（将在后面的章节中使用），但是即使在离线的情况下，使用 Scala 访问总是很高效的。另外，由于 Apache Spark 提供了一个交互式 shell，学习 Scala shell 将有助于以后 Apache Spark 的学习。

在系统中检查 Scala 安装状态 ▶▶

无论使用的是哪种操作系统——Linux、Windows 或 Mac，Scala 都不会预先安装在这些操作系统上面。大多数操作系统都带有最基本的软件实用程序，开发人员可以在其上安装软件、框架和应用程序，并根据需求对其进行配置。每种语言的执行都有自己的先决条件和要求。首先要验证 Scala 是否已安装在系统上，如果没有安装，应该知道如何设置。

判断 Scala 是否安装在系统中是很容易的。我目前使用的是 Microsoft Windows（特别是 Windows 10，但是在这种情况下不太重要），指令是针对 Windows 操作系统量身定做

的。然而，不管操作系统是什么，判断 Scala 是否安装在系统中过程都是相似的，我尽量在适当的时候指出各过程的不同之处。

因此，要快速确定系统上是否安装了 Scala 很简单，可以从开始菜单中打开命令提示符（通过打开开始菜单，查找命令提示符，或者键入 cmd 并按 Enter 键）。打开命令提示符后，键入 scala 并查看输出中显示的内容，如图 2-1 所示。

```
■ Command Prompt

C:\Users\ielahi>scala
'scala' is not recognized as an internal or external command,
operable program or batch file.

C:\Users\ielahi>
```

图 2-1　在 Windows 中检查 Scala 安装状态

如果可以看到类似于图 2-1 所示的内容，那么就可以假设系统上没有安装 Scala。注意，这种情况下，Scala 仍然可能安装在系统上，而这取决于系统的环境变量。忽略这些细微差别，并假设 Scala（根据这个测试）没有安装在系统上，所以可以继续开始下一步。

接下来要做什么呢？当然是要安装 Scala。

检查 Java Development Kit(JDK)安装状态 ▶▶

安装 Scala 有很多种方法，但这里强调使用最快最简单的方法，这样就可以更快地开发第一个 Scala 程序。

在系统上开始安装 Scala 之前，需要确保系统满足 Scala 的先决条件，因为每个人都很想亲自编写第一个 Scala 程序。

Scala 需要依赖 Java 开发工具包（JDK）来安装到系统上。要确保使用的是最新版本，最好在线参考 Scala 和 JDK 兼容性文档（例如，https://docs.scala-lang.org/overviews/jdk-compatibility/overview.html）。

在本章中，我使用 JDK 8 这个 Scala 下载页面上推荐的版本。在研究了要安装的 JDK

版本并确定了推荐的 JDK 之后，可以安装任何兼容版本的 JDK。由于 Scala 是一种 JVM 语言，用 Scala 编写的任何代码都会转换成 Java 代码，所以在系统中安装 JDK/Java 是很自然的。

要检查系统上是否安装了 JDK，可以打开命令提示符，输入：

```
java -version
```

其结果在图 2-2 中显示。

```
C:\Users\ielahi>java -version
java version "1.8.0_171"
Java(TM) SE Runtime Environment (build 1.8.0_171-b11)
Java HotSpot(TM) 64-Bit Server VM (build 25.171-b11, mixed mode)

C:\Users\ielahi>
```

图 2-2　检查 JDK 的安装状态

如果得到图 2-2 所示的输出，说明系统上安装了 Java。如果没有得到这个输出，就必须安装 JDK，这将在下一节中详细介绍。

使用 Java-version 命令所做的是为了检查系统使用的是哪个版本的 Java。简单地说，安装 JDK 时，它也会安装 Java 和其他组件。注意，此 Java 版本可能与这里使用的不完全匹配。可能最终安装了一个新版本的 JDK，这样在阅读本书的时候就可以直接使用它了。正如前面提到的，只要安装了 JDK 的最新可用版本，并通过在网站上查看 Scala 的需求来考虑它支持什么，这就不成问题了。

安装 Oracle JDK ▶▶

如果系统中没有安装 JDK，必须按照下面的步骤来安装它。

JDK 可由多个供应商提供，可以从两个主要选项 Oracle JDK 和 OpenJDK 中进行选择。综合各种原因考虑，建议安装 Oracle JDK 而不是安装 OpenJDK。为了进一步说明这一点，许多大数据供应商，如 Cloudera，都会建议选择 Oracle JDK，因为他们不支持 OpenJDK。因此，如果正在转向大数据分析，最好与该领域的推荐保持一致。

在 Windows 上，安装 Oracle JDK 的步骤非常简单。这类似于其他软件的安装，只要从网站上下载安装程序，然后按照安装向导安装即可。因此，可以访问 Oracle 的网站，在编写这本书的时候，JDK 1.8 版本的下载链接是：http://www.oracle.com/technetwork/java/ javase/ downloads/jdk8-downloads-2133151.html。

根据 Windows 操作系统（即 x86 或 x64），下载相应的.exe 安装程序文件。下载后，打开安装程序，按照安装向导中的说明进行操作。

如果使用其他操作系统，请采用 Oracle 网站上适当的安装说明。

安装过程完成后，通过输入 java-version 命令来验证它。如果 JDK 安装正确，将得到一个类似于图 2-2 所示的输出。

在 Windows 上安装 Scala ▶▶

对于 Windows 用户来说，安装 Scala 的过程与安装其他软件非常相似。在 Windows 上安装了正确版本的 Oracle JDK 之后，就可以安装 Scala 了。

要在 Windows 上安装 Scala，打开浏览器，输入以下网址：

```
https://www.scala-lang.org/download/
```

访问网站时，会看到许多安装 Scala 的方法。如可以使用 IDE（IntelliJ）或 SBT。但是，在这个阶段先跳过这些选项。在网页上搜索 Other ways to install Scala 的方法，然后单击 Download the Scala Binaries for Windows，如图 2-3 所示。

按照这种方式安装 Scala，将能够从 Windows 命令提示符中使用它（是否记得，之前试着输入 Scala 时还抱怨过），能够启动一个叫 REPL 的 Scala shell（即 Read-Eval-Print-Loop，这是一个交互式 shell，在本书中我们将多次大量使用），以及其他组件。因此，这是一种不需要使用其他安装选项（如 SBT 和 IntelliJ IDEA）就能快速启动和运行 Scala 的方法。

从网站下载 Scala 安装程序后，打开下载的安装程序/安装程序文件，它将以如图 2-4 所示的界面进入下一步。

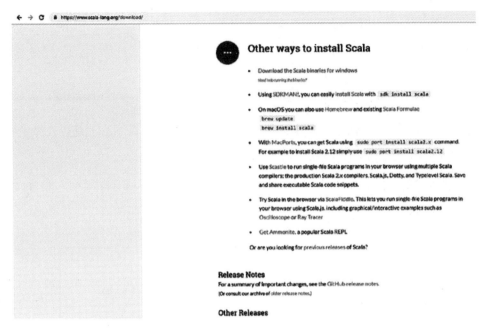

图 2-3　Scala 官网中提供的 Scala 下载选项

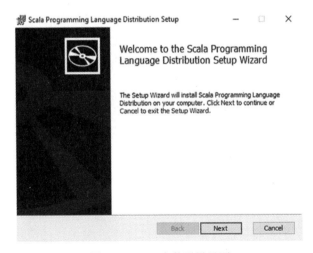

图 2-4　Scala 安装引导界面

是不是已经有人猜到接下来的步骤了呢？但为了提供参考，具体的说明如下：

1. 单击 Next。

2. 阅读最终用户许可协议并检查接受许可协议中的条款，然后单击 Next。

3. 在系统中选择一个希望安装 Scala 的位置，然后单击 Install。

一段时间后，Scala 应该会成功安装到系统上。

验证 Scala 安装状态 ▶▶

在成功安装软件后，需要验证它的安装状态。因此，要检查 Scala 是否在系统中成功安装，可以按照以下步骤进行。

打开命令提示符并输入 scala（它是区分大小写的，所以确保此时输入的 scala 是小写的），会看到一个如图 2-5 所示的界面。

```
Command Prompt - scala
Microsoft Windows [Version 10.0.14393]
(c) 2016 Microsoft Corporation. All rights reserved.

C:\Users\ielahi>scala
Welcome to Scala 2.12.6 (Java HotSpot(TM) 64-Bit Server VM, Java 1.8.0_171).
Type in expressions for evaluation. Or try :help.

scala>
```

图 2-5 验证 Scala 成功地安装在 Windows 上

如果在命令提示符中使用 scala 命令仍然出现错误，可以将 scala bin 文件夹（位于安装 scala 的文件夹中）添加到系统路径的环境变量中。

由此可以看到，Scala 工作得很好，它已经启动了一个 Scala shell（REPL）。它还提供了额外的信息，如使用哪个版本的 JDK 安装的。JDK 版本与之前安装的版本相同。

在 Linux 中安装 Scala ▶▶

由于 Linux 在专业环境中被大量使用，以支持各种各样的应用程序（包括 Apache Spark），本节将介绍如何在 Linux 机器上安装 Scala。Linux 发行版有很多，本书不可能一一介绍它们的安装说明，本书中将演示如何在其中一个发行版（Ubuntu 18.04.2 LTS）上安装它，人们可以按照相同的方法在其他发行版上安装 Scala。

本次安装使用 Linux 操作系统。如果没有这个操作系统，可以使用虚拟化解决方案（如在 Oracle 虚拟机中使用 Ubuntu 的镜像）在 Windows 操作系统上运行 Linux。如果有一个方便的 Linux 环境，安装 Scala 的步骤如下。

与 Windows 操作系统一样，在 Linux 操作系统上安装 JDK。在 Ubuntu 中安装 JDK 的步骤如下。

打开 Ubuntu shell 并执行以下命令来更新 Ubuntu 系统上的所有现有包。

```
sudo su
apt-get update
```

这是一种值得被推荐的做法。另外，如果将用户更改为 root 用户，这样就可以执行这些命令而不会遇到权限问题（例如，有些用户可能没有运行此类系统命令的特权/授权）。也可以使用 sudo 运行下面的每个命令。

图 2-6 显示了运行 apt-get update 命令后的示例输出。

```
root@ievm2:~$ apt-get update
Hit:1 http://azure.archive.ubuntu.com/ubuntu bionic InRelease
Get:2 http://azure.archive.ubuntu.com/ubuntu bionic-updates InRelease [88.7 kB]
Get:3 http://azure.archive.ubuntu.com/ubuntu bionic-backports InRelease [74.6 kB]
Get:4 http://azure.archive.ubuntu.com/ubuntu bionic/multiverse Sources [181 kB]
Get:5 http://security.ubuntu.com/ubuntu bionic-security InRelease [88.7 kB]
Get:6 http://azure.archive.ubuntu.com/ubuntu bionic/restricted Sources [5324 B]
Get:7 http://azure.archive.ubuntu.com/ubuntu bionic/main Sources [829 kB]
Get:8 http://azure.archive.ubuntu.com/ubuntu bionic/universe Sources [9051 kB]
Get:9 http://azure.archive.ubuntu.com/ubuntu bionic-updates/main Sources [252 kB]
Get:10 http://azure.archive.ubuntu.com/ubuntu bionic-updates/multiverse Sources [4192 B]
Get:11 http://azure.archive.ubuntu.com/ubuntu bionic-updates/restricted Sources [2068 B]
Get:12 http://azure.archive.ubuntu.com/ubuntu bionic-updates/universe Sources [135 kB]
Get:13 http://azure.archive.ubuntu.com/ubuntu bionic-updates/main amd64 Packages [545 kB]
Get:14 http://azure.archive.ubuntu.com/ubuntu bionic-updates/main Translation-en [203 kB]
Get:15 http://azure.archive.ubuntu.com/ubuntu bionic-updates/restricted amd64 Packages [6996 B]
Get:16 http://azure.archive.ubuntu.com/ubuntu bionic-updates/universe amd64 Packages [740 kB]
Get:17 http://azure.archive.ubuntu.com/ubuntu bionic-updates/universe Translation-en [191 kB]
Get:18 http://security.ubuntu.com/ubuntu bionic-security/universe Sources [35.1 kB]
Get:19 http://security.ubuntu.com/ubuntu bionic-security/multiverse amd64 Packages [6388 B]
Get:20 http://security.ubuntu.com/ubuntu bionic-backports/universe Sources [2068 B]
Get:21 http://security.ubuntu.com/ubuntu bionic-security/main Sources [76.4 kB]
Get:22 http://security.ubuntu.com/ubuntu bionic-security/restricted Sources [1504 B]
Get:23 http://security.ubuntu.com/ubuntu bionic-security/multiverse Sources [2308 B]
Get:24 http://security.ubuntu.com/ubuntu bionic-security/restricted amd64 Packages [4296 B]
Get:25 http://security.ubuntu.com/ubuntu bionic-security/restricted Translation-en [2192 B]
Get:26 http://security.ubuntu.com/ubuntu bionic-security/universe amd64 Packages [126 kB]
Get:27 http://security.ubuntu.com/ubuntu bionic-security/multiverse amd64 Packages [3744 B]
Get:28 http://security.ubuntu.com/ubuntu bionic-security/multiverse Translation-en [1952 B]
Fetched 12.7 MB in 5s (2428 kB/s)
Reading package lists... Done
root@ievm2:~$ apt-get upgrade
Reading package lists... Done
Building dependency tree
Reading state information... Done
Calculating upgrade... Done
```

图 2-6　更新 Ubuntu 软件包

完成该过程后，输入以下命令添加 Oracle JDK 到仓库列表。

```
add-apt-repository ppa:webupd8team/java
```

当输入安装命令时，Ubuntu 的包管理系统需要使用这个命令从该仓库中查找 Java。发出此命令之后，该进程可能会提示要接受许可协议。阅读协议后接受许可协议，安装将继续。

安装完成后，输入以下命令开始安装 Oracle JDK。

```
apt install oracle-java8-installer
```

完成此操作后，通过 java-version 命令来验证 Oracle JDK 的安装状态。它应该显示如图 2-7 所示的输出。

```
root@ievm2:~# java -version
java version "1.8.0_201"
Java(TM) SE Runtime Environment (build 1.8.0_201-b09)
Java HotSpot(TM) 64-Bit Server VM (build 25.201-b09, mixed mode)
```

图 2-7　在 Ubuntu 中成功的安装指定版本的 Java

最后，输入以下命令安装 Scala。

```
apt-get install scala
```

图 2-8 显示了这个命令的示例输出。

```
root@ievm2:~# apt-get install scala
Reading package lists... Done
Building dependency tree
Reading state information... Done
The following additional packages will be installed:
  libhawtjni-runtime-java libjansi-java libjansi-native-java libjline2-java scala-library scala-parser-combinators scala-xml
Suggested packages:
  scala-doc
The following NEW packages will be installed:
  libhawtjni-runtime-java libjansi-java libjansi-native-java libjline2-java scala scala-library scala-parser-combinators scala-xml
0 upgraded, 8 newly installed, 0 to remove and 0 not upgraded.
Need to get 25.1 MB of archives.
After this operation, 28.7 MB of additional disk space will be used.
Do you want to continue? [Y/n] Y
Get:1 http://azure.archive.ubuntu.com/ubuntu bionic/universe amd64 libhawtjni-runtime-java all 1.15-2 [27.1 kB]
Get:2 http://azure.archive.ubuntu.com/ubuntu bionic/universe amd64 libjansi-native-java all 1.7-1 [19.4 kB]
Get:3 http://azure.archive.ubuntu.com/ubuntu bionic/universe amd64 libjansi-java all 1.16-1 [36.2 kB]
Get:4 http://azure.archive.ubuntu.com/ubuntu bionic/universe amd64 libjline2-java all 2.14.6-1 [180 kB]
Get:5 http://azure.archive.ubuntu.com/ubuntu bionic/universe amd64 scala-library all 2.11.12-2 [9586 kB]
Get:6 http://azure.archive.ubuntu.com/ubuntu bionic/universe amd64 scala-parser-combinators all 1.0.3-3 [355 kB]
Get:7 http://azure.archive.ubuntu.com/ubuntu bionic/universe amd64 scala-xml all 1.0.3-3 [601 kB]
Get:8 http://azure.archive.ubuntu.com/ubuntu bionic/universe amd64 scala all 2.11.12-2 [14.3 MB]
Fetched 25.1 MB in 2s (13.1 MB/s)
Selecting previously unselected package libhawtjni-runtime-java.
(Reading database ... 56208 files and directories currently installed.)
Preparing to unpack .../0-libhawtjni-runtime-java_1.15-2_all.deb ...
Unpacking libhawtjni-runtime-java (1.15-2) ...
Selecting previously unselected package libjansi-native-java.
Preparing to unpack .../1-libjansi-native-java_1.7-1_all.deb ...
Unpacking libjansi-native-java (1.7-1) ...
Selecting previously unselected package libjansi-java.
Preparing to unpack .../2-libjansi-java_1.16-1_all.deb ...
Unpacking libjansi-java (1.16-1) ...
Selecting previously unselected package libjline2-java.
Preparing to unpack .../3-libjline2-java_2.14.6-1_all.deb ...
Unpacking libjline2-java (2.14.6-1) ...
Selecting previously unselected package scala-library.
Preparing to unpack .../4-scala-library_2.11.12-2_all.deb ...
Unpacking scala-library (2.11.12-2) ...
Selecting previously unselected package scala-parser-combinators.
Preparing to unpack .../5-scala-parser-combinators_1.0.3-3_all.deb ...
Unpacking scala-parser-combinators (1.0.3-3) ...
Selecting previously unselected package scala-xml.
Preparing to unpack .../6-scala-xml_1.0.3-3_all.deb ...
Unpacking scala-xml (1.0.3-3) ...
Selecting previously unselected package scala.
Preparing to unpack .../7-scala_2.11.12-2_all.deb ...
Unpacking scala (2.11.12-2) ...
Setting up scala-parser-combinators (1.0.3-3) ...
Setting up libhawtjni-runtime-java (1.15-2) ...
```

图 2-8　在 Ubuntu 上安装 Scala

安装完成后，通过在 shell 中执行 scala 命令来验证 Scala 的安装状态。它会启动 Scala REPL，如图 2-9 所示显示了这个结果。

```
root@ievm2:~$ scala
Welcome to Scala 2.11.12 (Java HotSpot(TM) 64-Bit Server VM, Java 1.8.0_201).
Type in expressions for evaluation. Or try :help.

scala>
```

图 2-9　Ubuntu 中的 Scala REPL

此时，我们已经成功地在 Windows 或 Linux 上安装了 Scala。在系统上配置了一个开发环境，可以使用它来和本书配套使用。

练　习

- 如何在离线的 Linux 系统上安装 Scala（如在一个没有连接到互联网的系统上）。由于安全控制，在专业环境中会遇到很多此类场景。
- 在命令提示符处输入 scala-help，尽可能多地熟悉可用选项。
- 尝试在系统上安装多个版本的 Scala，是否有挑战。
- 研究提供 Scala 最新版本的网站，养成通过发行说明了解新版本的最新增强功能的习惯。

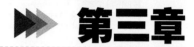

第三章

使用 Scala Shell

在世界各地的开发人员社区中，生产力都被认为是关键性能指标之一（KPI）。如果使用工具或语言的经验提高了开发人员的工作效率，则认为该工具或语言具有一个强大优势。有很多语言特性可以提高开发人员的工作效率，Scala 受到很多人喜爱的原因之一就是它具有的 REPL/shell 特性。

如果以前使用过 Java 就会知道，为了编写和执行一个程序，即使是打印 hello world 这样简单的程序，也必须遵循所有的步骤。这些步骤包括（但不限于）创建.java 文件（确保文件名等于文件中的类名），在该文件中使用 main 方法组成一个类（如果希望使其可执行），然后编译（产生 Java 字节码）并运行它。如果想在 Java 中尝试一个新的表达式，必须一次又一次地执行所有步骤。通过使用像 Eclipse 这样的 IDE，这些过程都很快，但步骤是相同的。

在 Scala 中，情况则完全不同。通过 Scala shell，输入一个表达式并立即得到结果，从而替代了前面提到的 Java 中的许多步骤（举个例子，Java 9 启动了 JShell 以实现同样的目的）。在 Python 中也存在类似的体验。但是这个 Scala 用例非常适合探索和实验，甚至数据科学家或数据工程师都想要快速建立原型。对于生产部署，可以按照 Java 中需要的类似步骤执行（尽管 Scala 提供了高度的灵活性）。

在第二章中介绍了在 Windows 和 Linux 系统上安装 Scala 的过程。本章将介绍如何验证 Scala 安装，以及如何启动 Scala shell/REPL。（这里可以互换使用这两个术语。）随着 Scala shell 的启动，可以在高度交互的环境中进行编程，这将促进学习的过程。一旦启动，Scala shell 就准备接受命令或 Scala 表达式并执行它们，这样会立即显示结果，不会有任何延迟。为了进一步强调 Scala shell 的普遍性，我会使用特定的表达式来写代码。Scala shell 是这方

面的首选工具，因为它极大地提高了工作效率。在研究 Apache Spark 时，会发现它还附带了一个 shell（用于 Scala 和 Python）。Spark 的 Scala shell 与本章中使用的 Scala shell 相同。

在进入学习之旅的下一个阶段之前，先熟悉一下下面这个工具。在系统上启动 Scala shell。（现在应该很清楚了，可以通过打开 Windows 命令提示符（或 Linux shell）并输入 Scala 来启动 Scala。）

从 Scala Shell 中获得帮助 ▶▶

在使用新工具时，第一件事就是确定可以使用哪些选项或命令。每个命令行接口（CLI）工具，即通过命令提示符使用的工具，都有许多可供使用的选项。对这些选项有一定程度的熟悉总是有用的。

启动 Scala shell 后，在 shell 中键入 :help。确保不要漏掉 help 关键字之前的冒号（:）。并且 : 和 help 之间不应该有空格，如图 3-1 所示。

```
scala> :help
All commands can be abbreviated, e.g., :he instead of :help.
:completions <string>     output completions for the given string
:edit <id>|<line>         edit history
:help [command]           print this summary or command-specific help
:history [num]            show the history (optional num is commands to show)
:h? <string>              search the history
:imports [name name ...]  show import history, identifying sources of names
:implicits [-v]           show the implicits in scope
:javap <path|class>       disassemble a file or class name
:line <id>|<line>         place line(s) at the end of history
:load <path>              interpret lines in a file
:paste [-raw] [path]      enter paste mode or paste a file
:power                    enable power user mode
:quit                     exit the interpreter
:replay [options]         reset the repl and replay all previous commands
:require <path>           add a jar to the classpath
:reset [options]          reset the repl to its initial state, forgetting all session entries
:save <path>              save replayable session to a file
:sh <command line>        run a shell command (result is implicitly => List[String])
:settings <options>       update compiler options, if possible; see reset
:silent                   disable/enable automatic printing of results
:type [-v] <expr>         display the type of an expression without evaluating it
:kind [-v] <type>         display the kind of a type. see also :help kind
:warnings                 show the suppressed warnings from the most recent line which had any
```

图 3-1　输出 Scala REPL 中的 :help

在这里显示了所有可能的命令，除了 Scala 表达式。我不会讲解所有的内容，本章（及

本书）中只会强调其中的几个。如果需要的话，可以自己研究其他的内容。

Scala REPL 的 hello world ▶▶▶

现在做每个新手程序员开始学习编程时要做的事情，即打印 hello world。让我们在 Scala shell 中完成它，看看它有多难。

要打印 hello world，只需在 shell 中键入"hello world"。

```
scala> "hello world"
res3: String = hello world
```

图 3-2　在 Scala REPL 上打印 hello world

可得到如图 3-2 所示的输出。这样就已经在环境中使用 Scala 编程显示了 hello world。从技术上讲，这里没有像通常那样使用 print 功能"打印"它，但就目前而言，这已经足够了。

▶▶ 一步步理解 Scala REPL 中的 hello world

那么前一步发生了什么呢？让我们一步一步地看一下这个过程。理解这些将为理解 Scala 和 Shell 打下坚实的基础。

- 要在 Scala shell 中输入的字符类型。String 是 Scala 中可用的数据类型之一，通过在程序中使用不同数据类型的组合来完成想要执行的任务。可以使用字符串数据类型来表示字母数字字符，如"hello world"。Scala 中的字符串是用双引号 " " 表示的。它与 Python 不同，对字符串 Python，可同时接受单引号和双引号。在 Scala 中，字符串必须用双引号括起来（或者用三引号，将在后面的章节介绍）。
- 无论在双引号中输入什么，它都将成为字符串数据类型。在这种情况下，输入

```
"hello world"
```

按回车键，Scala 在屏幕上将显示如下输出：

```
res3: String = hello world
```

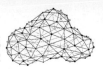

- 输入"hello world"后显示的输出是什么意思？这意味着 Scala shell 创建了一个名为 res3 的变量。每次在 Scala shell 中输入任何内容时，它都会被分配给一个变量，该变量通常以 resN 开始（其中 res 代表 result，N 可以是任意数字，取决于在该 shell 会话中输入了多少表达式）。什么是变量？尽管我们还没有详细介绍这个概念，但可以将其想象为数据的持有者或容器，即一种具有名称并可以在其中存储数据的东西。

- 你可以从这里收集到的另一个重要信息是 res3，即创建的变量，它的类型是 String。Scala 是一种强类型语言，如第一章所述，每个变量都有与之关联的类型。在本例中，变量的类型显然是 String，这一事实由 Scala shell 确认。Scala shell 的这个特性特别有用，因为理解数据类型对于编写逻辑正确的程序至关重要。计算机程序都是对不同类型的数据进行操作，因此了解要操作的数据类型将帮助人们选择正确的方法，并避免许多错误。

假设 Scala shell 在输入 hello world 时创建了一个变量，如果愿意，可以访问和使用该变量。只需在 shell 中键入 res3，然后就可以查看输出结果（结果类似于图 3-3 所示内容）。

```
scala> res3
res4: String = hello world

scala>
```

图 3-3　显示 Scala REPL 中创建的变量 res3

当然，可以在输出中获得 hello world 及其他信息。这是输入 Scala 表达式时，是一种理解生成的表达式的类型和值的好方法。

在本例中只是输入了 hello world，但是可以尝试使用任何有效的 Scala 表达式来查看返回的值和类型。在 shell 中输入 1+10，如图 3-4 所示。

```
scala> 1+10
res5: Int = 11

scala>
```

图 3-4　在 Scala REPL 中使用数学表达式

这一次，它显示创建了一个名为 res5 的变量。它的类型是 Int（这是 Scala 中用于处理数字的数字类型之一），它的值是 11。这里创建了一个 Integer 类型的变量代替了 String 类型的变量（具体来说是 Int 类型；我交替使用 Integer 和 Int）。

必须承认，人们其实很少使用 Scala shell 创建的这些变量（如 res4 和 res5），但重要的是查看结果的表达式和类型。如果要在 Scala 中进行高级编程，这一概念将变得更加重要，我们将在下一节讨论。

▶▶ 使用 Scala REPL 的数据类型的高级特性

用一个稍微复杂但真实的例子来说明 Scala shell 的特点，这例子强调了在许多设置中 Scala shell 是如何起作用的。

不久前，我在开发一个 Scala 程序，我必须从一个变量中检索数据库名，其中包括数据库名和表名，命名约定如下：

```
database_name.table_name
```

这里只想检索数据库名，懂编程的人可能已经猜到了如何做到这一点。其中一种方法是使用拆分（split）函数，该函数在字符串类型中可用。如果有一个类似于 "Irfan_Pakistan"的字符串。例如，如果使用"Irfan_Pakistan".split（"_"）函数，它将在下划线_字符处拆分。一旦它被拆分，就可以得到想选择的元素（无论是 Irfan 还是 Pakistan）。

现在使用"Irfan_Pakistan".split("_")时，这个表达式的结果不再是一个字符串，而是其他的东西。图 3-5 展示了如何使用 Scala shell 来查看在 String 上使用 split 函数的结果的类型。

```
scala> "Irfan_Pakistan".split("_")
res11: Array[String] = Array(Irfan, Pakistan)

scala>
```

图 3-5 如何对一个字符串类型的数据使用 split 函数

它表明当我们对字符串使用 split 函数时，返回的将是一个数组（Array）。

注意：数组是 scala 中的另一种类型，当需要一个变量来存储一组值时，可以使用它。我们将在后面的章节中学习什么是集合，但是现在，请记住它们不同于其他数据类型的变量，如只能保存一个值的 Integer。

已知该表达式提供了数组，我就可以使用它从中获得我想要的值（通过使用索引——将其看作从数组集合中检索特定元素），如图 3-6 所示。

```
scala> "Irfan_Pakistan".split("_")(0)
res13: String = Irfan

scala>
```

图 3-6　通过索引号访问 split 函数返回的数组元素

注意，图 3-6 所示的表达式中使用了（0），这表示正在获取集合（本例中为数组）的第一个元素。现在，只要知道 Scala 使用了从零开始的索引就足够了（用更简单的术语来说，这意味着 Scala 集合（如数组）的第一个元素是元素 0，第二个元素是元素 1，依此类推）。

如果之前还不知道这些知识，那么现在知道使用 split 的含义了，也就是说，它可以返回一个数组。

有了这些背景知识，就可以解决手头的问题了。如果使用：

```
    "sample_db.my_table".split(".")
```

它应该像之前一样返回一个数组。继续试试，看看会发生什么。如果这样做了，会发现一个有趣的现象，这里会得到一个异常。这意味着刚才试图做的是错误的。但值得恭喜的是，你终于可以看到第一个 Scala 异常了，如图 3-7 所示。

```
scala> "sample_db.my_table".split(".")(0)
java.lang.ArrayIndexOutOfBoundsException: 0
  ... 28 elided

scala>
```

图 3-7　一个数组索引越界异常的例子

这里希望 split 函数以同样的方式工作，但它没有这样做，因此应立即用 Scala shell 检查它（一种更合适的方法是编写单元测试用例，这是在稍微熟悉 Scala 之后要研究的内容）。在这个特定的实例中，需要执行一些不同的操作来获得预期的结果，如图 3-8 所示。

```
scala> "sample_db.my_table".split("\\.")(0)
res15: String = sample_db

scala>
```

图 3-8　使用符号来分割字符串的正确方法

在图 3-8 所示的示例中，我如果使用了\\，使用了与前面类似的结构。并使用了一个（"\"）的变体。这种上下文中使用或不使用\\，在 Scala 中有不同的解释。它表明希望使用正则表达式（用于匹配字符串中的模式）。否则，其意图只是在 . 字符，不以任何方式涉及正则表达式。这就是为什么不是使用 . 字符而是通过使用\\来表示我们对 Scala 的意图。

关键的一点是，使用 Scala shell 可以看到表达式结果的类型，如果可能的话，还可以检测错误。这真的很方便！

▶▶ Scala REPL 中的粘贴模式

现在回到本章的主题上来：可以使用 shell 键入任何想要的 Scala 表达式，并立即查看到结果。它非常适合单行表达式，但是在尝试粘贴多行代码时可能会遇到问题。假设在文本编辑器（如 notepad 或 Sublime）中编写了几行 Scala 代码，现在想在 Scala shell 中一次性执行它们。可以直接将它们粘贴到 shell 中，但是还有一种更好的方法，这就是粘贴模式。

要使用粘贴模式，可以在 shell 中输入:paste，这将进入粘贴模式，可以粘贴或键入多个表达式，并通过按 Ctrl+D 一次执行所有表达式，如图 3-9 所示。

如图 3-9 所示，在 Scala 中初始化了一个名为 x 的变量。x 前面的 val 代表值，这意味着创建的变量是不可变的，也就是说，它的值不能被改变或者不能再次赋值给这个变量。但在更高的层次上，通常这就是在 Scala 中初始化变量的方法。我们还可以使用 var 进行初始化，而这将创建一个可变变量，我们将在后续章节中详细介绍这些概念。

```
scala> :paste
// Entering paste mode (ctrl-D to finish)

val x = "irfan"
println(x)
println(x.toUpperCase + "ELAHI")

// Exiting paste mode, now interpreting.

irfan
IRFANELAHI
x: String = irfan

scala>
```

图 3-9　Scala REPL 中的粘贴模式

随后使用两个 print 语句来打印变量的值。在第二个 print 语句中，通过使用 .toUpperCase 字符串的函数（就像之前使用的拆分函数）将字符串转换为大写，还使用了+号来连接两个字符串。

在 Scala 中使用类和特性，粘贴模式是非常方便的。而对于控制语句（如 if-else 条件语句和循环），它也被证明是有用的。

Scala REPL 中检索历史记录

在 Scala shell 中输入的任何内容都会被存储起来，因此可以检索历史记录。这类似于 Linux shell 中的 history 命令历史记录。人们想查看之前执行的命令/表达式，并通过复制和粘贴它们到 shell 中来重新使用它们时，这是很有帮助的。

要查看在 Scala shell 中输入的表达式的历史记录，请在 shell 中键入：history，如图 3-10 所示。

我们还可以在:history 后面键入一个数字以通知 Scala shell 我们计划从 history 中获取哪些条目，如图 3-11 所示。

如果键入：history 200，它将显示过去的 200 个表达式。这是一个非常方便的特性，使人们可以查看之前输入的内容。

```
scala> :history
884  :paste
885  "this is first string"
886  1+2
887  "first_second".split("_")
888  :paste
889  val x="irfan"
890  print(x)
891  print(x.toUppercase)
892  x.toUpperCase
893  x
894  "h".toUpperCase
895  :paste
896  val x = "irfan"
897  print(x)
898  print(x.toUpperCase)
899  :paste
900  val x = "irfan"
901  println(x)
902  println(x.toUpperCase + "ELAHI")
903  :history
```

图 3-10 获取 Scala REPL 中的历史表达式

```
scala> :history
 1  case class EmployeeData(designation:String, company:String)
 2  val employeeData = List("engineer,facebook","manager,facebook","associate,facebook")
 3  employeeData.map(x=>x.split(",")).map(x=>EmployeeData(x(0),x(1)))
 4  scala> val employeeData = List("engineer,facebook","manager,facebook","associate,facebook")
 5  employeeData: List[String] = List(engineer,facebook, manager,facebook, associate,facebook)
 6  val employeeList = employeeData.map(x=>x.split(",")).map(x=>EmployeeData(x(0),x(1)))
 7  case class EmployeeData(designation:String, company:String)
 8  val employeeList =  employeeData.map(x=>x.split(",")).map(x=>EmployeeData(x(0),x(1)))
 9   val employeeData = List("engineer,facebook","manager,facebook","associate,facebook")
10  val employeeList =  employeeData.map(x=>x.split(",")).map(x=>EmployeeData(x(0),x(1)))
11  employeeList(0)
12  employeeList(0).designation
13  employeeList.map(x=>x.designation)
14  :help
15  val myStringVariable = "irfan"
16  :historuy
17  :history
scala>
```

图 3-11 使用带数字的历史记录特性来指定要检索的项的数量

▶▶ Scala REPL 的自动补全特性

在使用谷歌这样的搜索引擎进行搜索时，搜索引擎会不断地建议或自动填充想要的搜索查询，这大大提升了用户体验。同样，在前面的示例中可以看到，字符串数据类型具有一些与之关联的函数（如使用 `.toUpperCase` 和 `.split` 方法来执行不同类型的任务）。

如何确定 Scala 中哪些方法对不同的数据类型/对象可用？一种选择是使用 Scala API 文档，但在很多情况下，会很快想知道特定对象中有哪些可用的内容。为了实现这一功能，可以使用 Scala shell 的自动完成特性。

假设在一个 Scala REPL 会话中创建了一个 integer 类型的变量，如下所示：

```
val myVariable = 20
```

然后，你刚刚定义的变量的部分并按住 Tab 键时，Scala REPL 将自动补全变量名。这可以大大提高效率，也可以节省一些打字时间（和防止错误）。

该特性的另一个有趣和有用的扩展是，它允许查看对象中可用的函数和字段。我知道有些人现在可能对面向对象编程没有一个全面的理解，而像函数、字段和对象这样的术语现在可能没有意义。但是在更高的层次上，如在 Scala REPL 中创建一个变量时，

```
val myStringVariable = "Scala"
```

它可以创建一个特定类型的变量（本例中为 String）。因此，根据创建的变量的性质，如整数，字符串等，可以有许多方法（类似于函数，稍后将在本书中学习，但请将它们视为执行特定任务的代码模块）及每种类型附带的字段（也称为属性，它们表示该对象的属性）。

如果想查看刚刚创建的字符串变量有哪些函数和字段可用，键入变量，键入 . 然后按 Tab 键，它将显示一个字符串类型可用的列表，如下所示：

```
scala> myStringVariable.
!=    compareTo           genericBuilder    matches           runWith
toBuffer
##    compareToIgnoreCase getBytes          max               sameElements
toByte
*     compose             getChars          maxBy             scan
toCharArray
+     concat              getClass          min               scanLeft
toDouble
++    contains            groupBy           minBy             scanRight
toFloat
++:   containsSlice       grouped           mkString          segmentLength
toIndexedSeq
+:    contentEquals       hasDefiniteSize   ne                self
```

```
toInt
->   copyToArray      hashCode              nonEmpty              seq
toIterable
/:   copyToBuffer     head                  notify                size
toIterator
:+   corresponds      headOption            notifyAll             slice
toList
:\   count            indexOf               offsetByCodePoints    sliding
toLong
<    diff             indexOfSlice          orElse                sortBy
toLowerCase
<=   distinct         indexWhere            padTo                 sortWith
toMap
==   drop             indices               par                   sorted
toSeq
>    dropRight        init                  partition             span
toSet
>=   dropWhile        inits                 patch                 split
toShort

addString            endsWith              intern                permutations
splitAt              toStream
aggregate            ensuring              intersect             prefixLength
startsWith           toString
andThen              eq                    isDefinedAt           product
stringPrefix         toTraversable
apply                equals                isEmpty               r
stripLineEnd         toUpperCase
applyOrElse          equalsIgnoreCase      isInstanceOf          reduce
stripMargin          toVector
asInstanceOf         exists                isTraversableAgain    reduceLeft
stripPrefix          transpose
canEqual             filter                iterator              reduceLeftOption
stripSuffix          trim
capitalize           filterNot             last                  reduceOption
subSequence          union
charAt               find                  lastIndexOf           reduceRight
substring            unzip
chars                flatMap               lastIndexOfSlice      reduceRightOption
sum                  unzip3
codePointAt          flatten               lastIndexWhere        regionMatches
synchronized         updated
```

codePointBefore	fold	lastOption	replace
tail	view		
codePointCount	foldLeft	length	replaceAll
tails	wait		
codePoints	foldRight	lengthCompare	replaceAllLiterally
take	withFilter		
collect	forall	lift	replaceFirst
takeRight	zip		
collectFirst	foreach	lines	repr
takeWhile	zipAll		
combinations	format	linesIterator	reverse
to	zipWithIndex		
companion	formatLocal	linesWithSeparators	reverseIterator
toArray	?		
compare	formatted	map	reverseMap
toBoolean			

可以看到这个完整的列表显示了可以访问/调用对象的内容。如要确定字符串变量的值的长度，可以调用以下命令。

```
myStringVariable.length
```

要查找字符串中某个特定字符的位置/索引（如查找字符"c"在字符串变量值"Scala"中出现的位置），可以使用字符串类型附带的另一种方法。

```
myStringVariable.indexOf("c")
```

在输出中，将得到 1 作为结果。在这里，1 表示它位于从左边开始的第二个位置上。记住，在 Scala 中计数位置（称为索引）从 0 开始。

因此，使用 Scala REPL 的这个特性，可以快速确定哪些字段或方法可用。

▶▶ 从 Scala REPL 退出

还有一点值得注意的是，与 Vim 等许多文本编辑器不同，从 Scala shell 中退出非常容易。

要退出 Scala shell/REPL，只需输入

```
:quit
```

从技术上讲，操作系统在后端启动一个运行 Scala shell 的 Java 虚拟机进程，当退出该会话时，该 JVM 进程也会被终止。

对于学习 Scala REPL 来说，这已经足够了。下一章以正确而有条理的方式学习 Scala 语言的一些基础知识。

练　习

- 创建一个 Int 类型的变量并赋值，然后看看有什么方法可以用于该类型。对字符串变量重复相同的过程。

- 探索 Scala REPL 中可用的其他选项，并研究如何使用它们（如:sh，:save，:load 等）。

- 研究一下 spark-shell，看看是否还有相同的命令和功能。

- 尝试增加 Scala shell 使用的内存。

第四章
变　量

在编写程序的时候一定会用到变量。在第三章中已经简单介绍了变量的概念，可以通过使用变量来引用那些被创建出来的对象。例如，如果想存储一个数学表达式 10+5 的结果，通常会将其存储在容器或者占位符中，这样就可以在后续的操作中复用这个结果。再比方说，如果创建了一个变量用来存储某个整数值，后面就可以进一步使用这个变量来完成加法或减法之类的数值计算。在编程的上下文环境中，这些容器或占位符就被称为变量，本章将对这部分内容进行深入的探索。

从 Scala 中的变量开始 ▶▶

根据所使用的编程语言和定义的变量类型，计算机会为其分配内存空间。举例来说，在 Scala 中，可以像下面这样定义变量。

```
val sumResult = 10 + 5
```

如图 4-1 所示，先来看看定义变量的背后都发生了什么。

下面是对上述内容进行说明。

- 先计算或执行等号右侧的表达式并生成一个结果，在本例中为 15。
- 在等号的左边，定义了一个名为 sumResult 的变量。sumResult 是变量的名字，后续可以通过变量名引用该变量。

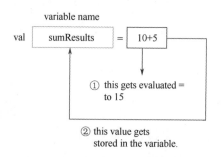

图 4-1 理解 Scala 中变量和值的分配

- 等号右侧的结果 15 将会存储在名为 `sumResult` 的变量中。实际上，变量 `sumResult` 存储的是对内存中地址的引用（特别是 JVM 中的堆内存），也就是将内存中存放 15 的引用（地址）分配给了变量 `sumResult`。不过也可以认为 `sumResult` 中存放的就是值15。

Scala 变量的不可变性 ▶▶

用过 Python 或 Java 等其他编程语言的人，一定很熟悉变量。一般认为变量的值是能够改变的，变量的字面意义也是可以改变的意思。在所有的编程语言中，创建变量的操作是很常见的，然后在需要的时候再更改它们的值。如在 Python 中会这样做：

```
# example of using voriables in Python:
sumResult = 10 + 5
sumResult = 9 + 100
```

一开始，变量 `sumResult` 的值是 15，在下一个表达式中，把它变成了 109，这很简单吧？下面再举个例子，在 Python 中的一个字符串，可以这样做：

```
# another example of using variables in Python:
myName = "Irfan"
myName = "Irfan" + "Elahi"
```

用 Python 语言来给出示例是为了强调以下事实：几乎所有的编程语言都会使用变量，并且在许多语言中（甚至在 Scala 的某些特定场景中），修改变量的值是理所当然的事情，这一特性被称为变量的可变性。

与其他语言相比，Scala 更强调变量的不可变性，即变量的值不应该被修改。这是因为 Scala 是一种函数式编程语言，因此，出于某些原因（稍后将对此进行解释），Scala 并不推荐使用可变的变量。

定义可变和不可变的 Scala 变量 ▶▶

到目前为止，在 Scala 中创建变量有以下两种方式：

- 使用 val 关键字
- 使用 var 关键字

简单来讲，如果使用 val 关键字创建变量，就不能再更改变量的值了，换句话说，变量是不可变的，值不能被修改。但是，如果使用 var 关键字创建变量，则可以随时更改变量的值（说明变量是可变的）。

现在加深下对上面所述内容的理解。请打开 Scala REPL，并使用 val 关键字创建一个名为 country 的变量，如下所示：

```
val country = "Pakistan"
```

然后给这个变量重新赋一个值，如 Australia，看看会得到什么结果。

```
country = "Australia"
```

一旦这么做，Scala 就会"抱怨"这样操作变量是错误的！它会报错。

```
error: re-assignment to val
```

也就是说，在 Scala 中，不能对已经初始化的 val 变量重新赋值。现在可执行同样的步骤，但是这次使用 var 关键字而不是 val，看看会产生什么结果，如图 4-2 中的示例截图所示。

由结果可知，使用 var 关键字可以实现变量可变性，如将变量 country 的值从 Pakistan 改为 Australia。

```
scala> var country = "Pakistan"
country: String = Pakistan

scala> country
res5: String = Pakistan

scala> country = "Australia"
country: String = Australia

scala> country
res6: String = Australia

scala>
```

图 4-2　使用 var 关键字创建可变的变量

▶▶ Scala 中强调不可变性的原因

为什么在 Scala 中会有 val 和 var 之分呢？这其实涉及函数式编程的一个思想——保证函数纯度。在函数式编程的世界中，存在着一个被称为副作用的"敌人"。它指的是，如果定义了一个变量，并且该变量的值在某处被任何一个函数所更改，便产生了一个函数的副作用。

如果任何函数在任何时候都能随时更改变量的值，还会导致另一个严重的后果：在代码调试和维护的过程中，很难跟踪到变量状态的变化及变化的时间和原因。

这就是为什么在函数式编程中，经常会听到纯函数这个词——如果一个函数不产生任何副作用，即它不改变其作用域之外的任何变量的状态，那么它就是一个纯函数（pure function）。

此外，Scala 的设计目标之一是更好地支持高并发场景。当程序在多线程或多进程之间试图进行交互时，使用可变变量可能会导致变量状态不一致。因此，在 Scala 中使用不可变变量才是最佳方案。

综上，Scala 建议尽可能使用 val 变量，所有变量甚至都应该使用 val 关键字来定义。除非在非常特定的场景中，不得不使用可变变量时，才考虑使用 var 变量，如在循环中用到计数功能的时候，但在绝大多数场景中，都可以通过创建不可变变量 val 来实现此功能。

▶▶ 可变性和类型安全的注意事项

关于可变变量还有一个可能"踩坑"的地方值得我们探讨一下，这个"坑"就是 Scala 中的类型安全问题，可以用一个例子来说明。

在 Scala 中创建一个名为 `temperature` 的可变变量，然后将其赋值为 98。根据之前的阐述，可以改变它的值，如将 `temperature` 赋值为 100。这样操作没问题，对吧？

现在来尝试下这样的操作——将 `"hot"` 值赋给 `temperature` 变量。因为 `temperature` 是可变变量，这么做也应该没问题吧？答案如图 4-3 所示。

```
scala> var temperature = 98
temperature: Int = 98

scala> temperature = 100
temperature: Int = 100

scala> temperature = "hot"
<console>:12: error: type mismatch;
 found   : String("hot")
 required: Int
       temperature = "hot"
                     ^
```

图 4-3　使用 var 关键字创建可变变量

这样操作竟然失败了！

其实，这并不是由于变量的不可变性导致的，而是由于 Scala 是一种强类型语言。这也是 Scala 与其他动态语言如 Python 之间的另一个显著区别。Python 在这方面就比较自由，在 Python 中创建一个变量，并且赋给它一个整型值作为初值，然后在下一次赋值时，它可以被赋予字符串或任何其他类型的数据，且不会有任何报错。

而在 Scala 中，创建的每个变量都有一个和它严格关联的类型。例如，当创建了一个类型为 Integer 的可变变量，那么该类型将始终与这个变量相关联。如果想将其值更改为另一个整数是没问题的，但是如果试图将它的值更改为另一种类型的数据，如从 Integer 到 String，那就不行了。在前面的示例中已经看到过了这样做的后果。

在后面的章节中会专门讨论数据类型，不过目前已经用到了一些类型，如数字（给 temperature 变量赋值 98）和字符串（将"Pakistan"分配给 country 变量）。因此，简单来说，每个 Scala 变量（可变或不可变）都必须具有一个类型，当它被初始化时，类型就确定下来了，并且不能再被更改。

▶▶ 为变量指定类型与类型推断

Scala 可以通过以下两种方式来指定变量类型，这是它不同于其他静态类型语言（如 Java）的地方。

- 类型推断
- 显式声明类型

类型推断（type inference）是指不需要显式声明变量的类型，而是由 Scala 自己来推断变量是什么类型，它会在创建变量时尽可能正确地推断变量的类型。可以回想下，在创建变量的时候专门指定 Int 或 String 的类型吗？并没有。只是给出了这样的表达式：

```
val temperature = 10
val country = "Australia"
```

Scala 会推断出第一个变量 temperature 的类型为 Integer，第二个变量的类型为 String。为什么这么确定呢？一个简单的验证方法就是在 Scala shell 中创建这些变量时，在表达式执行完毕后，屏幕上会显示出变量的类型。

这个特性对可变或不可变变量来说都一样，不管哪种情形，Scala 都会推断变量的类型。

另一种方式是可以在创建变量时显式声明类型，该变量将始终存储该类型的值。这样操作的方式是在变量名后添加一个由冒号：分隔的类型名，就像下面这样：

```
<val | var> <variable_name>:<variable_type> = <variable_value>
```

这里给出几个例子：

```
val country:String = "Australia"
var temperature:Int = 10
var isCustomer:Boolean = true
```

通常，推荐由程序员来显式指定变量类型，这样做既可以确保变量的数据类型符合预期，又可以避免含糊或歧义。当使用函数的时候，会发现需要指定函数的参数及其类型。

在使用像 IntelliJ 这样的 IDE 时，显式声明变量的优势会变得更加明显，因为一旦表达式的结果与它声明的类型不同，IntelliJ 就会帮忙指出来。目前还没有涉及使用 IntelliJ，这里只是预先提供一个使用建议。

Scala 标识符规则和命名规范 ▶▶

现在已经知道了如何在 Scala 中创建变量。另一个与变量密切相关的重要概念是标识符规则，它通常指的是在命名变量（及 Scala 中的类、函数等）时必须遵循的规则。下面进一步探讨这个问题。

首先要强调的是，在创建变量时，如果没有遵循标识符规则，就会出现错误。为了帮助人们更好地理解这一点，请参考以下示例：

```
scala> val 10years = 1
<console>:1: error: Invalid literal number
      val 10years = 1
         ^
```

由以上例子可知，这个表达式在语法上看起来是没什么问题的，使用 val 关键字，然后添加一个变量名，并尝试给它赋值。然而，我们却得到了一个与变量名有关的报错，Scala 告诉我们，10years 是一个无效的变量名。

为了避免出现这些错误，请遵循以下几条基本的标识符规则：

- Scala 中所有的标识符都是区分大小写的（也就是说 firstname、FirstName 和 firstName 是三种不同的标识符或变量名）。
- 标识符不能以数字开头（如 10years 和 2Stores 都是无效的标识符或变量名）。
- 标识符不能包含 Scala 的关键字（如 def、class、for 等）。此外，标识符也不能以操作符（如 +、：、?、~或#）开头。

此外，除了上述这些规则，给变量命名时要遵循命名规范，实际上，这已经是一种约定俗成的命名标准，即变量名应该采用驼峰格式（第一个单词的首字母是小写的，后面的

每个单词都以大写字母开头，并且中间没有空格或标点符号）。例如，tableName、filePath 和 regularizationParameter 都是采用驼峰格式编写的有效变量名。而 TableName、Table-Name、TABLENAME 和 file_path 则不符合命名规范。因此，要尽量养成在代码中遵循命名规范的习惯。

　　本章学习了变量的概念、变量的类型（可变或不可变）、Scala 中的变量类型安全及变量命名的规则。这些概念是学习后续章节的基础，所以一定要搞清楚。

练　习

- 尝试创建一个 Double 类型的变量并为其赋一个 Integer 类型的值，看看这样操作是否可行？如果不报错，分析一下是什么原因。然后再试试如何将一个 Double 类型的值赋给一个 Integer 变量。
- 创建一个变量（如 x）并为它赋值（如 10）；然后再创建一个变量（如 y），并把它赋值给刚才的变量（如 x=y）。现在改变 x 的值，检查下 y 的值是否也改变了。如果没有改变，分析一下原因（具体点说，研究下值传递和引用传递）。
- 尝试在一行代码中创建多个变量。

第五章
数据类型

日常生活中会遇到各种各样类型的数据。例如，我们的名字是由字母组成的，我们的电话号码是由数字组成的，在做是非题时需要回答是（真）或否（假）等。为了能够表示不同的数据类型，每种编程语言都会有一套类型系统。通过联合这个系统中不同的数据类型，可以创建出用来处理各种各样任务的变量。与许多其他语言一样，Scala 也有一个强大的类型系统（实际上它比其他语言更加复杂），它提供了多种数据类型供人们使用。

与 Java 等其他编程语言不同，Scala 中没有原始数据类型的概念。原始数据类型也就是最基本的数据类型，如 Integer、Boolean、Char 等，可以用来存储简单的值。在其他编程语言中，原始数据类型的变量存储的就是值本身，而不是对地址的引用。

而在 Scala 中，每种类型实际上都是一个对象。这涉及面向对象的概念，用更高级的说法来讲，对象代表一个实体（更简单来说，它代表一件事），它包括字段和方法，可以使用它们进行操作（在第三章中已简要介绍了这一点）。Scala 中的类型概念并不像其他大部分语言那样简单。以上就是 Scala 没有原始数据类型的原因。

Scala 的类型层次结构 ▶▶

在 Scala 中，除了每种数据类型都是一个对象，它们也分布于类型层次结构（type hierarchy）之中，如图 5-1 所示。

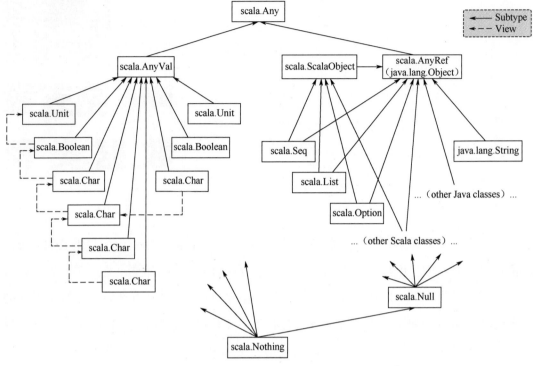

图 5-1　Scala 类型层次结构

层次结构很复杂，可以一步一步地来看一下。

- 在层次结构的顶部，是一种被称为 Any 的类型，它是所有类型的父类或超类。由此可知，所有其他类型都是 Any 类型的子类。

- Any 类型进一步可划分为以下几类：

  ◆ AnyVal：这是所有值类型的父类型，也就是所谓的原始类型的根类。

  ◆ 数字类型：包括 Double、Float、Long、Int、Short 和 Byte。这几种类型中也有层次结构之说，如 Double 是所有数字类型的超类，而 Byte 则是位于此数字类型层次结构中最底层位置。

  ◆ Boolean 类型：表示两个值——true 和 false。

  ◆ Unit：表示空，相当于其他语言中的 void。本章将对其进行详细的探讨。

  ◆ Char：用来表示字符，它和 String 是两码事。在 Scala 中，Char 用单引号表示；而在底层，Char 值会被存储为 Integer（无符号）值。

- AnyRef：这是所有引用类型的父类型，它是面向对象的，类似于 Java 中的 `java.lang.Object`。讲到现在可知，定义一个引用类型的变量时，其存储的是变量值的内存地址，而不是直接存储变量值。在 Java 运行环境中用到 Scala 时，AnyRef 就对应着 `java.lang.Object`。同样，在 Scala 运行环境中创建自定义类型时，它们也属于 AnyRef。此外，在第四章中曾简单介绍的 String 类型也属于这个类型，同时它也是所有 Scala 集合（如 List、Map 等）的类型归属。

层次结构的底部是 Nothing 类型。在 Scala 中，每个表达式都必须返回一个值，甚至只是打印内容的函数（如 println）也要返回 Unit 类型的值。在表达式不返回任何内容的情况下，如出现无限循环或者一个终止应用程序的函数，都会用到 Nothing 类型。

要想更加深入的理解这个层次系统涉及面向对象的知识，每个子类型（如 AnyVal 是 Any 的子类型）都将从其父类型中继承某些方法。而且，多态的概念也与此类型系统密切相关。但目前只需要知道以下内容即可。

- Scala 中等价的基本类型，也就是 Scala 中的数值类型和非数值等价的基本类型（布尔型）等。
- 如果在 Scala 中使用了特定类型，至少应该知道它在整体层次结构中的位置。
- 如果遇到了 Any、Unit 这样的类型，不必感到奇怪，因为所有这些都是类型，并且它们位于整个层次结构的不同层级中。

练习：数据类型

- 了解 Scala 中不同数值类型在内存占用范围上的区别。每种类型的最大数值是多少？什么时候应该使用什么类型？
- 研究在 Integer 数据类型中可用的函数，如加、减、乘和除，试着在 Scala REPL 中使用它们。
- 研究数值类型的运算符的优先级，也就是研究在表达式中，哪个操作会比其他操作先执行。要自己理解这些基本概念。

在本章中；不会详细介绍 Scala 中所有的数据类型，而只是介绍部分类型，以及它们各自的含义；还会指明正确的学习方向，从而有助于加深对 Scala 类型系统的理解。

▶▶ Boolean 类型

在 Scala 中，为了表示某个命题是真还是假，会用到布尔（Boolean）类型。例如，2 小于 5 是真的（true）或 "Scala" 与 "Java" 相等是假的（false）。布尔类型的取值只可能是以下两种：

```
true
false
```

注意，这两个值是严格区分大小写的，True/False/TRUE/ "True" 都不能算是布尔值。布尔值通常会出现在执行逻辑比较的场景中，如<（小于）、>（大于）、>=（大于或等于）、==（等于）。在 Scala REPL 中键入如图 5-2 所示的表达式。

```
scala> val equalityResult = 2==1
equalityResult: Boolean = false
```

图 5-2　使用关系运算符生成布尔值

执行示例中的表达式，将会得到一个 Boolean 类型的变量 equalityResult，其值为 false，也就是说表达式 2==1 返回了一个布尔值（注意这里是两个等号，而不是一个）。

注意：==（两个等号）是比较运算符，它将返回一个布尔值。而=（一个等号）是赋值运算符，它将其右边的值赋值给左边的变量。由于=只是一个赋值运算符，所以它本身并不会返回任何值。而在 Scala 中，每个表达式都要返回某种类型，因此严谨地说，即便在简单的赋值表达式中，Scala 也会返回值，这个值是 Unit 类型的。

练习：Boolean 类型

- 研究下 Scala 中可用的、不同种类的逻辑运算符，并尝试在 Scala REPL 中使用它们。
- 试着将布尔类型的变量赋值给一个 Integer 变量，看看会得到什么结果。再研究下是否能使用其他编程语言来执行这个操作。
- 试着将两个布尔类型的值相加，看看会得到什么结果。

▶▶ String 类型

在 Scala 中，要想表示包含字母或数字的数据，通常会使用字符串（String）类型。具体来说，如果用双引号（" "）或三个双引号（""" """）来修饰一个值，那这个值就一个字符串。如前所述，字符串可以包含数字字符或字母字符（如果使用 UTF-8 编码，还可以包含其他字符）。在 Scala 的类型层次结构中，String 是 AnyRef 的一个子类型。在 Java 等其他语言中，字符串类型不被算作原始（基本）数据类型家族中的一员，而是归属为引用类型。可以先这样理解——String 是一个若干字符组成的集合，可以访问、索引字符串中的各个字符元素。不必担心，对这些概念的理解很快就会清晰起来。

之前已经接触到了许多字符串类型的示例，但为了更好地理解这些内容，请看以下例子：

```
val query = "Select * from table where id = 1"
```

在上例中，从 Select 开始到 1 的整个语句可以算成是一个字符串，因为这个语句被双引号（""）所修饰，并存储在变量 query 中。

在遇到字符串中包含某些特殊字符的情形时，需要将这些特殊字符进行转义。例如，如果字符串变量中包含双引号或者反斜杠，就必须使用\进行转义。如果不这样做，Scala 就会报错，可以参考如图 5-3 所示的例子。

```
scala> val greeting = "my name is "Irfan Elahi" and I am from Pakistan"
<console>:11: error: value Irfan is not a member of String
       val greeting = "my name is "Irfan Elahi" and I am from Pakistan"
                                    ^
<console>:11: error: value Elahi is not a member of StringContext
       val greeting = "my name is "Irfan Elahi" and I am from Pakistan"
                                          ^
```

图 5-3　对字符串中的特殊字符不使用转义

使用\转义特殊字符，问题就解决了，如图 5-4 所示。

```
scala> val greeting = "my name is \"Irfan Elahi\" and I am from Pakistan"
greeting: String = my name is "Irfan Elahi" and I am from Pakistan
```

图 5-4　对字符串中的特殊字符使用转义

这里要解释前面提到的一点内容，即字符串实际上是一个集合，并且可以索引其中的每个字符。在 Scala REPL 中执行以下操作：

```
greeting(0)
```

然后会看到如图 5-5 所示的返回内容。

```
scala> greeting(0)
res6: Char = m
```

图 5-5　访问字符串中的字符

虽然在后面的章节中才会介绍与集合相关的概念，不过在此处已经访问了字符串（字符集合）数据中的第一个元素（或字符）。这里索引的下标顺序是从 0 开始的，也就是说，如果访问第 0 个元素，它将返回字符串的第一个字符，以此类推。

还有一些特殊的字符需要提及，如：

- \n（换行符）
- \t（制表符）
- \b（退格符）
- \r（回车符）

这些特殊字符用于特定的场景中，建议深入研究下为什么要使用它们及要在哪里使用它们。

▶▶ 多行字符串

正如前面所提到的，可以在 Scala 中用双引号或三个双引号来创建字符串。如果字符串中包含多行字符或者内部有引号，Scala 允许使用三个双引号来包围字符串，就像下面这样：

```
val funkyString = """ this is a
multi-line string and in this string,
there can be
"quotes" as well with
no problems"""
```

这样就创建了一个多行字符串。

练习：String 类型

- 创建一个字符串变量，然后输入 .（点字符）并按下 Tab 键，将会看到一个函数列表。本书将会讲到列表中的大部分函数，可以先试着使用下这些函数并了解它们的功能，了解得越多越好。
- 尝试将数值类型和布尔类型的变量转换为字符串类型。

▶▶ 字符串操作

现在深入研究一下开发人员在平时及在大数据应用中经常使用的一些常见并且重要的字符串操作。

字符串连接

创建两个包含数字值的字符串变量：

```
val a="1"
val b="2"
```

然后执行：

```
a+b
```

会发生什么呢？会返回 3 还是 12？答案是 12。这是为什么呢？因为这里的操作叫作字符串连接。

字符串插值

创建像下面这样的字符串变量：

```
val name="irfan"
```

然后再创建一个下面这样的字符串变量：

```
val introduction = "my name is $name"
```

猜猜会得到什么呢？可以得到下面这样的值：

```
"my name is $name"
```

这很简单，对吧？现在，按如下方式添加一个 s：

```
val introduction = s"my name is $name"
```

现在再猜下会得到什么？输出的是：

```
"my name is Irfan"
```

为什么会这样呢？答案是字符串插值。如果字符串以 s 开头，它就会将其中变量的名字替换为变量值。同样，再试下：

```
val introduction = s"my name is ${name}"
```

输出是一样的。另外，如果字符串前面以 f 开头，也会得到一样的结果。

对于字符串插值，还需要了解一些值得注意的地方，在 Scala REPL 中输入以下命令：

```
val introduction = s"my name is $name.toUpperCase"
```

会得到这样的输出：

```
"my name is Irfan.toUpperCase"
```

这里其实使用的是 `.toUpperCase` 函数，用它将其作用范围内的字符串转换成大写，但是不能像在刚才的例子中那样操作，而应该这样写：

```
val introduction = "my name is ${name.toUpperCase}"
```

这次会得到：

```
"my name is IRFAN"
```

因此，如果想在变量中使用某些方法，如本例中的 `.toUpperCase`，就应该使用 `${variable_name.method}` 这样的形式。

另外，如前所述，在 Scala 中有两种方法可以进行字符串插值——使用 s 或 f。两者的主要区别是，f 提供了一种更加简单地格式化数字的方法，以下面的命令为例。

```
scala> val sharePrice = 100.4
sharePrice: Double = 100.4

scala> s"the share price is $sharePrice"
res0: String = the share price is 100.4

scala> s"the share price is $sharePrice%.2f"
res1: String = the share price is 100.4%.2f

scala> f"the share price is $sharePrice%.2f"
res2: String = the share price is 100.40
```

在本例中可以看到，首先定义了一个 Double 类型的变量，该类型允许使用小数。然后，使用 s 进行字符串插值，试图通过 `%.2f` 来进行格式化数字的操作，强制它保留两位小数，但它对 s 不起作用，只对 f 成立。

这里还有一点需要说明，如果想保留字符串原始的样子，需要在字符串前加上 raw 才

行，这样字符串就不会进行任何处理或是插值操作。

```
scala> val aString="Irfan \n Elahi"
aString: String =
Irfan
Elahi


scala> val aString=raw"Irfan \n Elahi"
aString: String = Irfan \n Elahi
```

在第一个示例中创建了一个包含\n 的字符串变量，\n 表示一个换行符（在前面几节提到过这种特殊字符）。这就是在输出中 Irfan 和 Elahi 分处两行的原因。但使用相同的字符串值并在它前面加上 raw 时，会看到 Scala 并没有处理\n，而是保留了它本来的样子。

字符串长度

由于字符串可以看作是若干系列/序列/字符的集合，所以有必要了解下字符串的长度。在 Scala 中，要获取字符串的长度或大小，可以使用 String 类型的 length 或 size 方法。例如，定义如下所示的字符串变量：

```
val customerPackage = "prepaid"
```

为了获取字符串的长度或大小，可以像如图 5-6 所示那样操作。

```
scala> customerPackage.length
res8: Int = 7

scala> customerPackage.size
res9: Int = 7
```

图 5-6　在 Scala 中获取字符串的长度或大小

接下来了解更多有关字符串索引的内容。先创建一个字符串变量：

```
val customerPackage = "prepaid"
```

然后输入 customerPackage(0)，如前所述，将会得到 p（字符串的第一个元素）。但是，如果不小心访问了一个超出字符串长度索引位置的元素，如 customerPackage

（100），就会得到报错信息，提示正试图访问一个超出字符串长度的元素（见图 5-7）。

```
scala> customerPackage(100)
java.lang.StringIndexOutOfBoundsException: String index out of range: 100
  at java.lang.String.charAt(Unknown Source)
  at scala.collection.immutable.StringOps$.apply$extension(StringOps.scala:37)
  ... 28 elided
```

图 5-7　访问一个超出字符串长度的元素

字符串分割

很多时候，需要通过一个特定的字符来拆分一个字符串。例如，假设有一个文件（CSV），其内容由逗号分隔，就像下面这样：

```
1,mark zuckerberg,facebook
```

它可以表示数据库表中的某一行，然后用逗号分隔的每个值可以表示一列。在这个例子中，"1"可能代表某个 ID 列（第一列），"mark zuckerberg"表示一个人的名字（第二列），"facebook"则是一家公司（第三列）。如果在一个文件中有很多条这样的记录，并且想要操作其中的一条，甚至是这一条中某个列或者字符串的一部分（如名字列），通常要对字符串进行分割操作，如下所示。

```
scala> val aRow = "1,mark zuckerberg,facebook"
aRow: String = 1,mark zuckerberg,facebook

scala> aRow.split(",")
res11: Array[String] = Array(1, mark zuckerberg, facebook)
```

正如在本例中所看到的，可以通过定义 split 的参数的方式来按照指定的字符分割字符串。在本例中想利用逗号（,）进行拆分，因此指定了这个参数，无论在哪里遇到逗号，字符串都会被分割，并且返回一个新的数据类型（Array[String]，这是一个 Scala 集合）。也就是说，当使用 split 时，会得到一个数组，该数组包含字符串所有分割出来的部分，之后就可以按以下方式访问各个部分：

```
scala> aRow.split(",")(0)
res12: String = 1

scala> aRow.split(",")(1)
res13: String = mark zuckerberg

scala> aRow.split(",")(2)
res14: String = facebook
```

注意，上面这个场景在使用 Apache Spark 时会经常遇到，因为 CSV 是一种很常见的数据格式，可能会用 Apache Spark 来处理大量的 CSV 文件。在这里看到的 split 逻辑，与用 Apache Spark 进行大规模数据处理时的方式几乎是一样的。

字符串截取

如果需要提取字符串指定位置范围内的部分字符（或从指定位置开始提取），可以使用 String 数据类型的 substring 函数。这有一个例子：

```
scala> val x = "apache spark"
x: String = apache spark
```

如果想从一个指定的位置开始获取子字符串，可以通过使用 substring 来实现，如下所示：

```
scala> x.substring(0)
res21: String = apache spark
scala> x.substring(1)
res22: String = pache spark
```

在这个例子中，当执行 substring(i) 时，它将返回从位置 i 开始的其后所有字符（i 可以从 0 开始）。因此，如果执行 substring(0)，它将返回字符串从 0 开始的其后所有字符（也就是整个字符串，因为 0 是字符串的起始位置）；当执行 substring(1) 时，它将返回从位置 1 开始的其后所有字符，这就是为什么会得到"pache spark"而没有返回"a"的原因，"a"是第一个字符（在第 0 个位置）。

还有一种情况，可以使用 substring 来指定字符串中要截取的子字符串的范围，继续使

用上面的例子来说明。

```
scala> x.substring(1,4)
res26: String = pac
```

向 substring 中传递了两个参数——substring (i,j)，它将返回从位置 i 开始到位置 j-1 之间的字符。具体来说，当调用 substring (1,4)时，将会得到返回值"pac"（从位置 1 开始，位置 1 是"p"，直到 3，即 4-1=3，也就是字符"c"所在的位置）。

如果想要处理的数据遵循特定的格式，并且包含着相同长度的字符时（如从日期中提取月份、提取邮政编码等），那么 substring 将会是一个非常有用的工具。

查找字符串中字符的索引

如果要查找字符串中某个字符的位置（也称为索引），可以使用 String 的 indexOf 函数，如下所示。

```
scala> val x = "apache spark"
x: String = apache spark
scala> x.indexOf("a")
res27: Int = 0
scala> x.indexOf("p")
res28: Int = 1
scala> x.indexOf("k")
res29: Int = 11
```

要使用 indexOf 函数，需要把想要在字符串中查找其位置的字符作为参数传递给函数。所以，在上面的例子中，调用 x.indexOf("a")时，将会返回 0，这意味着字符"a"存在于第 0 个位置（也就是 Scala 字符串中的第一个位置）。注意，即使"a"在变量中出现多次，indexOf 也只会返回它第一次出现时的位置。

到这里，关于 String 数据类型的探讨就结束了，在 String（及其他数据类型）中还有许多可用的函数，只不过本书没有讲到。如果能了解并试着使用这些函数，将会为本课程学习的进一步提升提供坚实的基础。

Scala 中的特殊类型 ▶▶

接下来讨论 Scala 独有的一些特殊的数据类型。

▶▶ Unit 类型

就像 Int、Double、String 一样，Unit 也是一种数据类型，它通常会出现在不返回任何内容的函数中。虽然还没有用到过这样的函数，但现在也可以一探究竟。在 Scala REPL 中输入以下内容：

```
val printOutput = println("Hello Scala")
```

给函数分配了一个变量（可变的或不可变的都可以），然后观察输出，会得到如图 5-8 所示的结果。

```
scala> val printOutput = println("Hello Scala")
Hello Scala
printOutput: Unit = ()

scala>
```

图 5-8　println 函数返回 Unit 类型的数据

这里主要发生了两件事情：

- 创建了一个名为 `printOutput` 的变量，并将 `println("Hello Scala")` 赋值给它，以存放函数执行的结果。

- `println` 是一个函数，它并不是我们创建的，而是 Scala 自带的。Println 可以在屏幕上显示在()中输入的内容，但它不返回任何结果，只是将括号里的东西打印在屏幕上。这就是为什么将 `println` 的执行结果（它不返回任何东西）赋值给 `printOutput` 变量时，`printOutput` 的类型是 Unit。为什么是 Unit 呢？这里再一次提醒需要记住的 Scala 的规则——每个表达式都必须有返回类型。因此，当函数没有返回任何内容时，为了遵守这个规则，将返回一个 Unit 类型的值。

可以将 Unit 理解为空，并将其等效于其他编程语言中的 void。与上面的例子不同的是，如果使用了带有返回值的函数，那就不会再得到 Unit 类型了。

```
val sqrtResult = math.sqrt(4)
```

变量 sqrtResult 的类型是 Double 而不是 Unit，这是因为 math.sqrt(4) 返回了一个值（即根号 4，也就是 2）。

当函数的最后一个表达式是给一个变量赋值时，也会遇到 Unit，稍后将会介绍个内容。

思考一下，当用到 Unit 类型时，很有可能会改变一个变量的状态（如将变量作为赋值操作的结果），在函数式编程的上下文中，变量状态的改变有时意味着会产生副作用，但情况也不总是如此。请看以下代码：

```
scala> var aGlobalVariable = 10
aGlobalVariable: Int = 10
scala> def impureFunction() = {aGlobalVariable =
aGlobalVariable*2}
impureFunction: ()Unit
scala> aGlobalVariable
res8: Int = 10
scala> impureFunction
scala> aGlobalVariable
res10: Int = 20
```

在本例中定义了一个变量（一个使用 var 的可变变量），然后又定义了一个函数（由于还没有专门讲到 Scala 中的函数，所以在这里可以将它们视为一个编写一次后能多次调用的模块或代码段）。在这个函数中，改变了全局变量的值。注意，函数的最后一个表达式是赋值表达式，这将导致函数的返回类型为 Unit。然后输出了 aGlobalVariable 的原始值，调用函数后，再次输出该值。

注意，调用函数后，值 aGlobalVariable 被更改了，这意味着产生了一个副作用（更改了一个不在函数体内定义的变量的值）。

以上是一个非纯函数的示例，像这样的函数在 Scala 中通常是要避免出现的。在后面专门讨论函数的章节中，会更清楚地说明这一点。

此外，在使用 Spark 时，有些函数也会返回 Unit 类型（如 foreach 函数）。在这种情况

下，理解 Unit 对我们使用这些函数将有很大的帮助。

▶▶ Any 类型

可能有人已经注意到，在图 5-1 所示的 Scala 类型层次结构图中，位于根部位置的是 Any 类型。

什么时候会用到 Any 类型呢？有这样一种情况，当 Scala 在一个变量中遇到不同类型的变量值时，就会出现 Any，如图 5-9 所示。

```
scala> var aList=List(1,"irfan")
aList: List[Any] = List(1, irfan)
```

图 5-9　Any 类型的 List

在图 5-9 中，创建了一个 List（列表），虽然还没有讲到列表，但为了更好地解释 Any，此处还是可以先用列表来说明下。将列表视为一个保存值的集合的类型，也可以认为它类似于 String，因为 String 可以看作能保存一组字符的集合。通常，Scala 中的列表会包含某种具体类型的元素，如图 5-10 所示的是一个包含整数值的列表。

```
scala> val integerList = List(1,20,-100)
integerList: List[Int] = List(1, 20, -100)
```

图 5-10　Integer 类型的 List

在图 5-10 中，Scala 可以立即推断出列表中的元素类型——一个整数列表（由 REPL 的输出 List[Int]可以明显地看出来）。但是在图 5-9 所示例子中，Scala 推断列表类型为 List[Any]。这是为什么呢？因为在图 5-9 所示例子中，列表中的元素由多种类型（分别是 Integer 和 String 类型）组成，在这种情况下，Scala 便会追溯使用更"广泛"的类型（Any）来适应。

在定义类型为 Any 的变量时，由于 Any 是所有数据类型的父类，所以这个变量可以接受任何子类型的值，如图 5-11 所示。

```
scala> var anyVariable:Any = 10
anyVariable: Any = 10

scala> anyVariable = "irfan"
anyVariable: Any = irfan
```

图 5-11　在 Scala 中创建可变的 Any 类型变量

看看图 5-11 所示发生了什么。

- 创建了一个 Any 类型的可变变量。

- 在变量中存储了一个 Integer 类型值。

- 又在变量中存储了一个 String 类型值。

Scala 没有报错！这正是因为 Any 是 Integer 类型和 String 类型的超类或者父类，所以变量保存不同类型的值完全没问题。

这里就是前面讲的类型层次结构知识派上用场的地方。

创建这样"广泛"类型的变量是否值得推荐使用？答案是需要视情况而定，但一般来说，类型还是越具体越好。如果不确定一个变量在运行时（也就是程序真正跑起来的时候）的类型，在这种情况下，使用 Any 类型作为一种全覆盖类型是可行的。否则，还是建议尽可能使用具体的类型。

请注意，在处理 Scala 中数据类型的问题时，可以使用 getClass 方法来确定某个对象的类型，如图 5-12 所示。

```
scala> sqrtResult.getClass
res15: Class[Double] = double
```

图 5-12　在 Scala 中使用 getClass 方法

Scala 中的类型转换 ▶▶

有时需要将数据从一种类型转换为另一种类型。如需要将用户输入的数字转换为 Interger 类型。

在 Scala 中，可以用如下所示方法来获取用户的输入。

```
scala.io.StdIn.readLine
```

在使用这个方法时，即使用户输入的是数字，也会被存储为 String 类型。如果想对用户的输入执行数值化操作，那就需要将输入转换为 Integer 类型。

在 Scala 中，通过.to\<Type\>函数来完成数据类型转换。图 5-13 所示为一个获取用户输入的示例。

```
scala> val userInput = scala.io.StdIn.readLine
userInput: String = 800
```

图 5-13　获取用户输入

当写完 scala.io.StdIn.readLine 并按下回车键后，它会提示输入。无论输入什么内容，都将会存储在变量 userInput 中。scala.io.StdIn.readLine 是一个函数（就像 math.sqrt 或 println 那样），它的返回类型为 String（如 math.sqrt 的返回类型为 double，println 的返回类型为 Unit）。因此，即使输入的是数字，它也会被存储为字符串类型。这样，如果将 userInput 除以 10，就会出错，如图 5-14 所示的结果那样。

```
scala> userInput/10
<console>:13: error: value / is not a member of String
        userInput/10
                 ^
```

图 5-14　用字符串类型的数除以一个数字

由于在字符串类型的变量上使用/运算符（它表示数字类型的除法）时必然会产生错误，所以需要将变量转换为数字类型。为此，可以使用 toInt 函数，如图 5-15 所示。

类似地，也可以对其他类型的数据执行类型转换。

Scala 数据类型的核心内容就介绍到这里。

```
scala> userInput.toInt/10
res17: Int = 80
```

图 5-15　将 String 类型转换为 Integer 类型

练习：类型转换

- 尝试将 Double（如 10.5）转换为 Int，猜想一下会发生什么？这个转换会将小数点后的部分去掉。这点应该留意一下。

- 尝试运行"10".toInt，这个操作是否可行？答案是可行。再尝试运行"two".toInt，这个也是可行的吗？答案是不可行。不可能随处都进行类型转换。

- 研究一下空值在 Scala 中是如何运用的。可以关注下 Option 类型及其具体的子类型（Some，None），并确保已经熟悉了它们的用途。

第六章
条 件 语 句

在生活中，我们会在不同的场景下做出不同的决策。例如，如果下雨了，我们就不会在户外玩耍；如果客户很挑剔，会针对他使用定制的营销方法等。生活中有很多这样关于条件决策的例子。同样地，在编程中也要在不同的情况下考虑大量的决策，并根据结果来编写程序的逻辑或者流程。例如，如果用户名存在并且密码正确，用户就能够登录；否则，将会被拒绝登录。如果不做这些决策，程序就显得很不智能，使用起来会受到限制。

而在编程领域，上述情形通常会使用条件语句来处理。在 Scala 和其他语言中，使用 if/else 语句的组合来处理涉及条件的情形。使用这个语句，可以创建一系列需要检查或判断的条件，并能够明确在每种条件下应该采取什么样的操作（或执行哪些表达式）。如果遇上更加复杂的条件，还可以嵌套 if/else 语句。在 Scala 中使用条件语句，和使用其他语言相比，会存在着一些细微的差别，将在后面的讲述中加以强调。学习完本章后，希望能够熟练地在 Scala 中使用条件语句。

与此同时，在大数据分析中，会大量使用条件语句。例如，当使用 Apache Spark 从外部数据源（如在一组机器上运行着的分布式文件系统）加载数据时，通常会用到一些筛选条件来过滤这些待处理的数据。再比如，假设正在从若干文本文件中加载一百万行数据，并且希望只处理那些包含特定关键字的行（如 Scala），这时也将用到条件语句。

布尔表达式 ▶▶

在深入研究条件语句之前，先来看下布尔表达式，这会有助于理解后续内容。

在第五章讲道，布尔是一种数据类型，它只有两个值：true 或 false。

在 Scala 中，使用某些运算符可以生成布尔表达式。就像某些表达式会得到整数结果一样。例如，当输入：

```
1+10
```

将得到 Integer 结果。类似地，如果输入的表达式中包含逻辑运算符：

```
10 > 100
10 >= 100
"irfan" != "Irfan"
100 < 1000
100 <= 1000
```

所有这些表达式都会产生一个布尔值。这些表达式用到了以下逻辑运算符：

- <（小于）
- >（大于）
- >=（大于等于）
- ==（等于）
- !=（不等于）

还可以将多个逻辑表达式通过操作符组合在一起，以组合成想要的条件，就像下面这样：

- &（与）
- |（或）

接下来的内容将会大量地使用这些逻辑表达式，所以最好先练习下。

在 Scala 中使用条件语句 ▶▶

用一个简单的例子开始讲解这部分内容。首先定义一个名为 carBudget 的变量，并为它添加一个条件。例如，如果购买汽车的预算价格低于 30（这里假设基本单位是 1 000 美元），建议购买马自达；否则，推荐购买宝马。对汽车爱好者来说这是一个简单并且重要的决策，也是他们在购买汽车时必须面临的抉择。

在 Scala REPL 中用 paste 模式输入以下内容（输入：paste 并按下 Enter）：

```
:paste
val carBudget = 40
if (carBudget < 30)
println("buy Mazda")
else println("buy BMW")
```

执行（在 paste 模式下按 Ctrl+D）上面的内容后，会得到如下输出结果。

```
buy BMW
```

▶▶ 逐步理解条件语句

现在看下刚才写的条件语句和表达式是如何执行的。

- 定义了一个名为 carBudget 的变量，并将其赋值为 40。
- 在 if 语句的括号中，添加了一个待判断的条件 carBudget<30，显然这个条件判断的结果为 false（一个布尔值）。之后，if 后面的语句没有执行，而是执行了 else 后面的语句。

从这个示例中可以学到在 Scala 中使用条件语句的基本技巧。

- 使用 if 和 else 来构成条件。
- 在 if 括号中定义的条件为 true 时，将会执行 if 块中的表达式。
- 否则，将执行 else 块。
- if 括号中写入的表达式必须返回布尔值。

说明： 在 if/else 后面使用 {}

在上面的例子中，没有在 if 或 else 语句之后使用 {}。当 if 语句后面只有一个表达式时，这样做是没问题的。但在某些场景下，if 和 else 后面很有可能会有多个语句，这时需要多个表达式来完成操作。在 Scala 中，有以下两种方式来实现这种情况。

- 如果 if/else 块中只有一个表达式，可以不使用 {}，就像在前面示例中所做的那样。但这种情况仍然也可以使用 {}，前面的示例可以重新进行如下编写。

```
val carBudget = 40
if (carBudget < 30) {
    println("buy Mazda")
}
else {
    println("buy BMW")
}
```

这样写的执行结果和之前一样。

- 如果 if/else 块中的表达式不止一个，则必须用到 {}，否则会出现逻辑错误。如果不使用 {}，并且在 if/else 之后有多个语句要被执行，Scala 将会报错。试着运行以下代码段。

```
val carBudget = 40
if (carBudget < 30)
println("so your budget is lesser than 30")
println("buy Mazda")
else print("buy BMW")
```

Scala 将会报出如图 6-1 所示的错误。

如果像下面这样写，就不会报错了（见图 6-2）。

```
val carBudget = 40
if (carBudget < 30) {
    println("so your budget is lesser than 30")
    println("buy Mazda")
}
```

```
else {
    print("buy BMW")
}
```

```
scala> :paste
// Entering paste mode (ctrl-D to finish)

val carBudget = 40
if (carBudget < 30)
println("so your budget is lesser than 30")
println("buy Mazda")
else print("buy BMW")

// Exiting paste mode, now interpreting.

<pastie>:5: error: ';' expected but 'else' found.
else print("buy BMW")
^
```

图 6-1　在 if/else 语句后不使用{}会报错

```
scala> :paste
// Entering paste mode (ctrl-D to finish)

val carBudget = 40
if (carBudget < 30) {
println("so your budget is lesser than 30")
println("buy Mazda")
} else print("buy BMW")

// Exiting paste mode, now interpreting.

buy BMWcarBudget: Int = 40
```

图 6-2　在 if/else 语句中正确使用{}

简而言之，建议养成使用{}来包围 if 和 else 块之后语句的习惯。

▶▶ 嵌套的 if/else 语句

为了表示有依赖关系的条件，我们可以在 Scala 中嵌套使用 if/else。

举例来说，可参考以下代码。

```
val country="Australia"
val carBudget = 25
if (carBudget < 30) {
    println("So your budget is less than 30")
    if (country == "Australia") {
        println("Buy Mazda")
    } else {
        println("Buy Toyota")
    }
}
else {
    print("buy BMW")
}
```

下面解释上面这段代码。

- 第一个 if 条件是用来检查预算是否小于 30。如果是的话，程序流程就会进入该 if 块。

- 一旦进入第一个 if 块，就会有另一个 if 条件来检查来自哪个国家。如果住在澳大利亚，它会建议买一辆马自达；否则，它就建议购买丰田。

- 如果预算大于 30，则跳过 if 块，执行 else 块。

这里用到了一个嵌套的 if/else 条件，一个更巧妙的学习方法是通过决策树来学习，如图 6-3 所示。

上例中没有在 else 块中用到判断条件，但这也是很重要的一种结构，接下来看下面的代码。

```
val carBudget = 70
if (carBudget < 30) {
    println("Buy Toyota")
}
else if (carBudget > 30 & carBudget < 50) {
    print("Buy Mazda")
} else if (carBudget > 50) {
```

```
    print("Buy BMW")
}
```

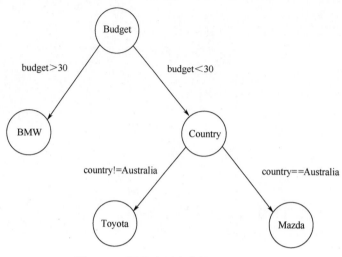

图 6-3　可视化表示嵌套的 if/else 条件

在这个示例中，代码首先检查了 carBudget 是否满足小于 30 的条件，如果不满足，则继续检查 else 块中的另一个条件；如果 carBudget 仍旧不满足大于 30 并且小于 50 的条件，那么它将检查最后一个 else 块的条件。用这种方式就可以编写涉及更多条件的语句，以完成所需的条件判断流程。

▶▶ if/else 作为三元运算符

三元运算符是一种用简洁的方式来表示条件的方法，在不同的语言中（甚至在 Excel 中）都会用到它。正如之前介绍的那样，if/else 块会跨越多行代码。但是，如果条件和对应的操作都非常简单，那就可以用一行代码来表示。因此，为了简洁起见，可以使用三元操作符[①]来创建条件语句。

一般会用下面这种形式来表示：

```
if <condition> <value to be returned upon True condition> else <value to
```

① 译者注：Scala 没有 Java 中那样的三目运算符(?:)，不过可以用 if/else 来替代。

be returned upon False condition>

如下所示，在 Scala 中，可以将 if/else 当作三元运算符来使用。

```
scala> val salary = 95000
salary: Int = 95000

scala> val highlyPaid = if (salary>100000) true else false
highlyPaid: Boolean = false
```

该示例不像之前那样用到了代码块或者多行语句，而是仅在一行中使用了 if/else。如果可以用一行语句就能轻松地表示条件，就可以像上面这样使用 if/else。

模式匹配 ▶▶

许多开发人员喜欢用 Scala 的原因之一是它拥有强大的模式匹配功能。模式匹配只是一个略显花哨的术语，其实它意味着组合使用 match 和 case 语句时 Scala 所支持的特性。

如果你用过 C 或 Java 等其他编程语言，应该记得它们都有一个 switch 操作符，该操作符允许检查多个条件。也可以用多个 if/else 语句来执行同样的操作，但是 switch 提供了更好、更简洁的语法。在 Scala 中，可以使用模式匹配结构来实现相同的功能，如下所示。

```
scala> :paste
// Entering paste mode (ctrl-D to finish)
val country = "Australia"
country match {
case "Australia" => "Continent"
case _ => "Not Continent"
}
// Exiting paste mode, now interpreting.
country: String = Australia
res9: String = Continent
```

以下是对上面代码的详细解释。

* 首先定义了一个名为 country 的变量，并将其赋值为"Australia"。
* 然后使用 match 关键字来匹配变量的值，并在{}中创建了一个代码块。

- 在代码块中，编写了一系列 case 语句作为待检查的条件。使用 case 语句最基本的语法是：

```
case <condition> => <value to be returned>
```

case "Australia"的含义是等值比较，比较 country 的值是否等于"Australia"。如果等于，则将执行位于=>右侧的代码。在本例中，比较结果是 true，并且=>的右边只有一个表达式"Continent"，因此将返回这个表达式的内容。

用另一个 case 语句来检查另一个条件，这就像又使用了一个 if/else 语句。在代码的第二个 case 语句中没有指定要匹配的值，而是使用了_符号。请记住，在这个上下文环境中使用_符号时，意味着其他所有内容都满足条件，这与在其他语言中使用 switch 语句时 default 的作用一样。因此，如果没有匹配到满足的条件，case<condition>将会被执行，并且在它=>右边的任何内容都将被执行并最终返回。在本例中，当第一个条件的结果为 false 时，将会返回"Not Continent"。

以上是使用模式匹配实现了一个条件流的处理。

模式匹配是一个很重要的内容。上文提到，开发人员会大量用到它来构造程序的条件流。根据下面的例子说明在 Scala 中使用模式匹配的另一种方式。

```
scala> :paste
// Entering paste mode (ctrl-D to finish)
val salary = 95000
salary match {
case x if x>100000 => true
case y if y<100000 => false
}
// Exiting paste mode, now interpreting.
salary: Int = 95000
res8: Boolean = false
```

从总体来看，本例和上一个例子并没有什么不同，都是匹配 salary 变量的值并指定了两个 case 语句用来做条件检查。哪个 case 语句为 true，其=>右侧的代码就将会被执行。

可能有人已经注意到这里有一个细微的区别，在本例中使用 case 语句的方式有点不同。

```
case x if x<100000 => true
```

在本例中用到了一个变量 x，并对其使用了 if 语句。x 将接收待匹配的 salary 变量的值，然后检查条件（即 x>100000）是否满足要求，再根据条件的结果，执行相应的代码块。如果想使用模式匹配来执行这种类型的逻辑或条件检查，可以这样做——使用一个变量，如本例中的 x，将逻辑条件应用于该变量。在了解这个使用方式之前，我们只是通过模式匹配来检查变量是否相等，但是要执行涉及更多条件的情况，可以使用这种方式。

本例中变量 x 的作用域仅限于 case 语句和=>右边的代码。可以在=>右侧的代码块中使用 x 变量，但不能将 x 用在其他地方，即使用在另一个 case 中也不行。请注意，以这种方式定义的 x 变量不仅可以作为条件，还可以在=>右边的代码块中使用它，这会非常方便。

同样，在第二个 case 语句中，定义了另一个名为 y 的变量，并对其应用了一个条件。

关于条件语句的内容就介绍到这里。本章主要探索了与布尔表达式和运算符相关的概念、如何在代码中使用 if/else 块，以及如何在编程中引入决策的模式匹配。本章涉及的内容不仅广泛应用在编程中，在大数据分析领域也会被大量使用，所以请读者一定要尽可能多地练习。

练　习

- 创建一个用来检查若干不同条件的决策树，然后在程序中基于此决策树使用 if/else 条件语句。
- 尝试将整个 if/else 块赋给一个变量，并查看变量的返回值。
- 尝试在模式匹配中嵌套使用 case 语句，看看它是怎么运行的。
- 探索模式匹配的其他用法，包括它如何与正则表达式、类型检查及异常捕获结合使用。

第七章
代 码 块

随着本书内容的深入，会发现 Scala 包含了许多有助于我们更好地组织代码、减少冗余、提高生产率的可用结构与特性。在本章中，将探讨其中的一个特性，它能够帮助用好上述优势。

本章的主要内容是代码块，它允许在一个块中组织若干条语句，并将结果赋值给一个变量。这个块将作为一个整体，其中的表达式在块范围内执行。块中最后一个表达式的执行结果将会被返回，并存储在变量中。

代码块有许多应用场景，但其主要用于在进行一些预处理之后为变量赋值。

Scala 中的代码块 ▶▶

来看一个有关代码块的示例，请看如下代码。

```scala
val resultOfBlock = {
    val a=2
    val b=2
    a+b
}
```

现在来分析这段代码。

- 首先，创建一个代码块，这里需要用到{}。{}里面的所有表达式构成一个块，并且该块将作为一个整体。

- 创建了一个名为 resultOfBlock 的变量，并为其赋值了一个块（{}中的一组表达式），这个块包含了三条语句。
- 在第一条语句中，创建了一个变量 a，然后在第二条语句中又创建了另一个变量 b。最后通过 a+b 进行求和，结果是 4。由于这是代码块中的最后一条**语句**，因此它的计算结果将被返回并存储在变量 resultOfBlock 中。这就是为什么存储在变量中的值是 4 的原因。

图 7-1 进一步强调了这个概念。

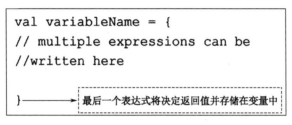

图 7-1　强调 Scala 中代码块的概念

请注意，这里并没有显式地写出任何 return 语句，而是以代码块中最后一个表达式的值为 4 的方式来返回值，并且将该值存储在了变量中。

还有一种理解代码块的方法，即它允许在将最终结果赋给变量之前，进行一些必要的操作。有人说使用函数就能达到这个目的，但是，函数更重要的价值是可重用性。也就是说，如果想反复地执行相同的表达式集，则可以创建一个能够被重复调用的函数。在某些情况下，这些操作或表达式并不会被重复使用，使用代码块是比较好的选择。

那代码块是必须的吗？不是的。没有它们，也可以完成这些处理操作，只不过代码块能给程序提供一种可读性更高的组织代码的方式。

在编写代码的过程中会大量使用到代码块。例如，在一个应用程序中，需要在代码运行时将文件的路径传递给程序，验证该文件路径是否存在，假如存在，则加载该文件的内容，然后将该文件解析为 JSON 格式，并最终将解析完的内容存储在变量中。可以用一个代码块来完成上述操作，并且成功执行它。不必纠结于这个例子中提到的一些现在可能还不明白的术语，这些术语并没有什么意义，这只是为了说明代码块。

▶▶ 使用代码块的注意事项

与 Scala 中许多其他的结构一样，必须留意某些使用代码块时的注意事项。通过一些例子来看看这些注意事项。

在 Scala REPL 中，执行下面这个代码块。

```
val resultOfBlock = {
    val a=2
    val b=2
    val c=a+b
}
```

resultOfBlock 的值会是多少呢？答案是 Unit。为什么呢？要回答这个问题，请看 {}块中的最后一个表达式：

```
val c=a+b
```

正如前面的内容中提到的那样，当使用赋值表达式时，表达式的返回类型是 Unit；即使赋值给了变量，但是从"返回值"的角度来看，它返回的仍然是 Unit，即 void，即空值，因此应该注意这点。

同样，如果代码块中的最后一个表达式是 println，或者是任何不返回内容（或返回 Unit）的函数，也将会得到和上面相同的结果。

由此可以推断出，代码块的返回值将由块中的最后一个表达式来决定。

▶▶ 代码块和 if/else 语句

虽然之前已经提到过了，但是还是要再次声明——在 Scala 中键入的每条语句都是一个表达式，这也就意味着它将返回一些内容。不管它只是（1+2）这样一行的表达式，还是在代码块中所介绍的多行的表达式。

根据这个概念，if/else 语句（在第六章中学习过）也是表达式。因此，遵循相同的原则，它们也将返回一个值。

现在的内容开始变得有趣了！因为有些细微的差别值得进行更深入的探索。

请看以下 if 语句。

```
val age = 50
val isOld = {
    if (age>50)
    true
    else false
    }
```

在 Scala REPL 中尝试执行上述代码，如图 7-2 所示。

```
scala> :paste
// Entering paste mode (ctrl-D to finish)

val age = 50
val isOld = {
    if (age>50)
    true
    else false
    }

// Exiting paste mode, now interpreting.

age: Int = 50
isOld: Boolean = false
```

图 7-2　同时使用 if/else 语句和代码块

看看这个示例代码。

- 就像之前那样使用 if/else 条件，这部分内容已经很熟悉了，所以这里不再赘述。

- 将 if/else 语句放在代码块中是怎么实现的呢？其实就是在语句外面使用了 {}。这意味着这个块中的最后一个表达式将会被返回，并且将要返回的值存储在了一个名为 isOld 的变量中。

- 根据变量 age 的值，判断执行 if 代码块还是 else 代码块。在示例中，因为变量 age 的值是 50，并且它不大于 50，所以执行了 else 代码块，返回 false。

- 尝试给 age 赋一个较小的值，如 30，以使其执行 if 代码块。查看 isOld 变量中存储了什么内容，答案应该是 true。

- 此外，注意在本例中，isOld 变量的类型是布尔型。因为无论是执行 if 代码块还是 else 代码块，都会返回一个布尔值（true 或 false）。现在，如果让事情变得复杂一点，可以像下面这样做：

```
val age=50
val isOld = {
    if (age>50)
    100
    else "no"
}
```

执行之后，将得到如图 7-3 所示的结果。

```
scala> val isOld = {
     | if (age>50)
     | 100
     | else "no"
     | }
isOld: Any = no

scala>
```

图 7-3　同时使用 if/else 语句和代码块

此时会发现，变量 isOld 的类型变成了 Any，和前例中的类型不一样了，这是为什么呢？

先来看下 if 代码块，它的值是什么呢？是 100，这是个整数。而在 else 代码块中又将返回什么值呢？是 "no"，这是一个字符串。因此，if/else 包含了两种可能的返回值：Integer 和 String，也就是说它可以返回两种不同类型的不同值。这样就和前一个场景不同了，前一个场景中 if 代码块和 else 代码块的返回值是相同类型的；而在当前的场景中，基于 Scala 的类型推断特性，它将这个变量的类型推断为 Any，而这是一个超类（还记得 Scala 的类型层次结构吗？）。

在使用代码块时要注意这些细微的差别，因为它们很重要，如果处理不当，就会带来一些不必要的麻烦。

练　习

- 练习使用代码块，在其中编写若干条语句，并将其赋给变量。查看变量返回和存储了什么内容。
- 研究使用模式匹配时，有关返回值的注意事项，例如，如何在不同的 case 块中返回不同的值。

第八章
函 数

编程通常是为了解决某个特定的问题，并且每个问题的性质和复杂性各不相同。既可以像求出数字的平方根一样简单，也可以像以并行方式将缓存在 RAM 中的数据写入环境中的多个节点那样复杂（提示：Apache Spark）。在这两种情形下，都可以通过在程序中编写代码和表达式来解决问题，并且需要思考输入是什么，输出是什么。例如，在求一个数的平方根时，这个数是输入，这个数的平方根是输出，然后就能编写一些代码来解决这个问题。这一概念奠定了将在本章中详细探讨的函数的基础。

为什么要使用函数 ▶▶

如果在程序中需要多次使用相同的功能怎么办？假设在程序的开始，在程序中间的某个地方，在同一项目的其他文件中，以及在程序的最后都需要求解平方根，那么如何在程序中的多个位置多次使用求平方根的方法呢？

与生活中的许多事情一样，解决此问题也必须要做出选择。

- 当需要求一个数的平方根时，可以一遍又一遍地重复地写出表达式。
- 可以在程序的某个地方以一种无论何时都可以轻松访问和快速使用的方式来编写它。换句话说，可以在任何时候和任何地方复用该表达式。

想一想哪种方法更好，以及为什么这种方式更好。

对于第一种方法，一遍又一遍地重写同一段代码，并且在多个位置使用它，这将增加维护代码的成本。如果需要修改代码或者希望优化查找平方根的方式（如当用户试图查找字符串的平方根时要处理异常），我们将不得不在代码中找到这些位置并一个一个地修改（前提是能够在第一时间找到它们！）。其次，在修改代码时，总有可能会引入其他各种各样的错误（如语法错误或逻辑错误）。此外，如果函数无论在哪里，无论使用了多少次，都能保持不变，那么该如何测试分散在应用程序中不同的代码片段都具有相同的的作用呢？

在编程的世界里，重复一段代码的做法被认为是一种罪过。编程中有一个原则——不要重复。只要有可能，就尽量避免重写代码；只要有可能，就最大限度地提高代码的可复用性；只要有可能，就抽象出重复的代码片段。

鉴于这里列出的所有建议，以及如果忽视这些建议可能会发生的所有坏事情，可以得出这样一个结论：优秀的程序员都善于使用函数！

函数是代码片段（如找到一个数字的平方根），可以在任何需要的时候使用它，而不必一遍又一遍地编写。只需定义一个函数的逻辑，然后在需要时调用该函数就可以。

另外，还可以依赖传递给函数的参数，这些参数使函数呈现出动态性。参数是函数中用到的变量，在调用函数时，需要指定参数值，然后函数将在逻辑中使用这些参数来生成输出值。在求平方根的例子中，参数是要求出平方根的数。

同样，在测试代码时，函数很重要，因为需要将代码构造为可以单独测试的函数的形式。如果代码的逻辑不是由函数组成的，那么测试代码就会变得很困难，并且在想要对代码进行修改时会增添许多麻烦。

总的来说，建议在编程中使用函数。特别是在使用 Apache Spark 的开发中会大量用到函数。在后面的章节讨论 Scala 集合时，这个概念会变得重要起来。

理解函数 ▶▶

作为最佳的实践方式，建议设计的函数应该尽可能功能单一并且小巧一些，这个函数最好只完成一项任务。如果这个函数要执行许多任务，那代码就会变得复杂和冗长，因此还是建议将函数分解为更小的函数。如果明确知道一个函数是做什么的，那么在测试它的功能时，这样做也是有好处的。

在深入研究本章的实践内容之前，建议在函数中不产生任何副作用。也就是说函数的职能应该仅在其范围内起作用，只对传递给它们的参数进行操作，不应更改其范围之外定义的任何变量的状态。以上建议是基于函数式编程的，或许带有一些偏见，但是越是遵循这个规则，代码就会越健壮。不再关注函数在其作用域之外的影响，会让编程变得轻松起来。

Scala 中的函数 ▶▶

了解上述原理和使用函数的动机之后，深入讲解动手操作部分——学习用 Scala 开发函数！

在 Scala 中，定义函数的代码为：

```
def <function_name>(<parameter_name:parameter_type>,
<parameter_name:parameter_type>...):return_type = {
  //function body
}
```

现在详细地解释一下这段代码。

- Scala 中的函数定义以 def 关键字开头。
- 每个函数都有名称（如定义中的 function_name）。
- 一个函数可以接受零个或多个参数，这些参数在函数名后面的圆括号( )中定义。由于参数是强类型的，这就意味着必须显式地指定参数的类型。可以将参数看作函数的变量，这些变量可以在函数体中使用。
- 参数在函数之外不可用。
- 每个函数都有一个返回类型，可以用参数后面的:return_type 表示。这表明每个函数在被调用时都要返回某种类型的值。不过可以跳过指定返回类型这一步，如果这样做，函数的返回类型将由函数体中最后一个表达式来确定。
- 函数体被封装在大括号{ }中。如果函数只有一行，那就不必使用大括号。稍后将对这些内容进行更详细的介绍。

下面给出一个具体的示例。

```scala
def getSquareRoot(givenNumber:Int):Double = {
  println(s"Finding square root of $givenNumber")
  math.sqrt(givenNumber)
}
```

现在一步一步地来看看这个函数。

- 首先定义了一个名为 getSquareRoot 的函数。函数名可以是任何有效的标识符，就像在第四章中讨论的那样。根据 Scala 的命名约定，函数名应该以小写字母开头。通常，函数名表示动词的含义，因为它们意味着要做某件事情。

- 该函数接受一个在( )中定义的参数，并且期望该参数已经被指定好类型。在本例中，因为想要求一个整数的平方根，故参数的类型是 Integer。

- 这个函数在完成它应该做的事情（在本例中是求平方根）之后，将返回一个类型为 Double 的返回值。

- 函数体是指定该函数所有逻辑并实现函数功能的地方。

图 8-1 进一步阐述了这些概念。

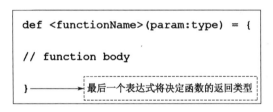

图 8-1　说明 Scala 中函数的概念

这就是通常在 Scala 中定义函数的方式。学习这些语法规则是非常重要的，因为在 Scala 中函数的使用实在是太频繁了。

函数调用 ▶▶

定义一个函数，并实现了查找传递给它的参数的平方根的逻辑。但是定义函数只解决了一半问题，光定义函数是没用的，因为它们不会自己执行，除非实际调用了它们。

接下来看看如何调用一个函数。

在 Scala 中，调用一个函数非常简单。

```
scala> getSquareRoot(25)
finding square root of 25
res9: Double = 5.0
```

通过函数名及传递所需的参数实现函数调用。如果没有传递参数，编译器将会报错，因为函数将没有可用的变量值。

如果一个函数有返回值，也可以将函数赋值给一个变量。

```
scala> val squareOf25 = getSquareRoot(25)
```

▶▶ 有关函数定义的说明

在 Scala 中定义函数时，有几个注意事项。

类型推断

如果需要的话，可以跳过指定函数的返回类型这一步，而让编译器来确定函数的返回类型。若想用这种方法，可以用另一种方式来定义同样的函数，如下所示。

```
scala> def getSquareRoot(givenParam:Int)= {
    println(s"finding square root of $givenParam")
    math.sqrt(givenParam)
    }
getSquareRoot: (givenParam: Int)Double
```

这样也可以成功运行。在这个例子中，在定义函数时并没有写出返回类型（Double），而之前的例子则是：

```
def getSquareRoot(givenParam:Int):Double
```

根据输出结果，可以看到 Scala 推断出函数返回的是一个 Double 类型的值。

通常，建议指定函数的返回类型，因为这样可以保证类型安全并提高代码的可读性，因为代码的可读性也是十分重要的。

返回语句：用还是不用？

如果有人使用过其他编程语言（如 Python），可能会认为，在这类语言中，应该显式地使用 return 语句来表示将从函数中返回什么值。

在 Scala 的函数体中是否使用了 return 语句呢？并没有。还记得什么是代码块及它们是如何工作的吗？如果不记得，请重新阅读第七章的内容。（提示：在代码块中，返回值将由该块中的最后一个表达式来决定。）对于函数来说也是如此——函数的最后一个表达式将从函数返回并决定该函数的返回类型。

参考下目前为止一直在使用的示例：squareThis 函数中的最后一条语句是 math.sqrt(givenParam)，因此，函数将返回该表达式的执行结果，即类型为 Double 的数字。

尝试改变 squareThis 函数中表达式的顺序——让 println 成为 getSquareRoot 的最后一个表达式并运行程序，函数的返回类型将变为 Unit。这是因为函数的最后一个表达式现在变成了 println，而它的返回类型是 Unit。因此，如果想知道函数的返回值，请关注函数体的最后一个表达式。答案就在那里！

尝试在使用 println 作为函数的最后一条语句时，同时在函数定义中将返回类型定义为 Double。看看 Scala REPL 是否允许人们这样做。（注意：不允许。这是因为假如在函数定义中指定了返回类型的话，Scala 将会强制保证返回值类型的安全性；而如果不指定返回类型，函数将不再关心返回类型是什么，此时它将只依赖于函数体的最后一个表达式。）

▶▶ 多个参数的函数

当函数只有一个参数时，可以像下面这样调用它。

```
squareThis(5)
```

数字 5 被赋值给了在函数参数中定义的 givenParam 变量。

如果函数有（或需要）多个参数怎么办？比如假设你想要和一位员工打招呼：

```
Hi Irfan. Welcome to Facebook!
```

该怎么做呢？可以使用以下两个参数：

```scala
scala> def greetEmployee(name:String, company:String) = {
  println(s"Hi $name. Welcome to $company")
}
greetEmployee: (name: String, company: String)Unit
scala> greetEmployee("Irfan","Facebook")
Hi Irfan. Welcome to Facebook
```

现在详细地分析这段代码。

- 定义了一个拥有有效名称的函数，即 greetEmployee。
- 在括号()中指定了多个参数，本例中只有两个——name 和 company。
- 在调用函数时，传递了两个值——"Irfan"和"Facebook"。为什么是两个呢？因为在函数定义中就指定了两个参数。可以尝试只传递一个参数，然后看看 Scala REPL 的结果是什么。
- 这个函数的返回类型是什么？是 Unit。函数体中的最后一条语句是 println，我们已经知道最后一条表达式将决定函数返回什么类型。那 println 函数会返回什么呢？答案是 Unit。

▶▶ 位置参数

可能有人已经注意到，传递的第一个参数值 Irfan 被分配给了函数定义中的 name 参数。

注意：定义函数时，函数定义中的变量名被称为参数（例如，在 greetEmployee 函数中，name 和 company 就是参数）。但是，当调用该函数并将值传递给这些参数时，这些值又被称为参数，即传递了 Irfan 和 Facebook 参数。

类似地，"Facebook"被分配给了 company 变量，接下来将在函数体中使用它们来完成一些任务（如在本例中，就是打印一条消息）。这就像是一种位置分配，第一个值分配

给第一个变量，第二个值分配给第二个变量，依此类推。

Scala 还提供了另一种向函数传递参数的方式，可以根据函数定义时指定的变量名来为其赋值。

例如，以相同的方式使用 greetEmployee 函数时，调用方式略有不同，如下所示：

```scala
scala> greetEmployee(name="Irfan",company="Deloitte")
Hi Irfan. Welcome to Deloitte
```

在这个例子中，是否注意到如何在调用函数时传递参数值的呢？这里使用了参数变量名=参数值的格式，这样就可以更改传递参数的顺序了。也可以先指定 company 参数，再指定 name，Scala 同样能理解。

```scala
scala> greetEmployee(company="Deloitte",name="Irfan")
Hi Irfan. Welcome to Deloitte
```

如果函数有很多参数（但通常认为这样的函数设计并不好），那么使用显式地指定参数名和参数值的方式进行函数调用就会更方便，而不用依赖参数定义的位置。提倡函数使用少量参数的原因之一是这样可以提高代码的可读性，Scala 能清楚地知道哪个值被传递给了哪个参数；还有一个原因就是更少的参数还可以减少一些潜在的错误，这样有利于更好地排查哪个参数值传递给了哪个参数及传递的顺序。代码的可读性是在编写代码时应该始终牢记的一个原则。

▶▶ 函数中参数的默认值

在某些情况下，指定函数参数的默认值是有好处的。如果函数有很多参数，并且有些参数的值不大可能发生改变，就可以使用它们的默认值，Scala 是支持这种做法的。另一种有关这种方式的解释是，如果不想一直传递函数的参数值，并且认为这些参数的默认值在大多数情况下都可以工作，那么使用这种方式就是有益处的，Scala 并不会因为没有给这些参数赋值就报错，相反，Scala 会很乐意使用默认值。

更详细点来说，参数默认值包括以下两种：

- 如果没有传值给已经定义了默认值的参数，Scala 将会使用默认值。

- 如果在调用函数时向已经定义了默认值的参数传递了值，那么 Scala 将会使用传递的这个值。换句话说，传递的值将会覆盖默认值。

这里有一个例子来进一步说明这个概念。

```scala
scala> def greetEmployee(name:String="Irfan", company:String) = {
    println(s"Hi $name. Welcome to $company")
}
greetEmployee: (name: String, company: String)Unit
```

这个示例代码定义了一个包含 name 参数的函数，name 的默认值是 Irfan。接下来可以像下面这样调用这个函数，不用指定 name 参数的值：

```scala
scala> greetEmployee(company="Deloitte")
Hi Irfan. Welcome to Deloitte
```

Scala 在此是否使用了 name 参数的默认值？假如想要覆盖 name 参数的默认值：

```scala
scala> greetEmployee(name="John Doe",company="Deloitte")
Hi John Doe. Welcome to Deloitte
```

这里 Scala 选择了在调用函数时给 name 指定的参数值"John Doe"，而不是在函数定义中使用的默认值"Irfan"。

▶▶ 无参函数

在某些情况下，函数并不需要参数（被称为 zero parity）。这时，就可以省略函数名后面的括号，如下所示：

```scala
scala> def printDate = java.time.LocalDate.now.toString
printDate: String

scala> printDate
res5: String = 2018-08-19
```

这里使用 java.time 库来打印当前日期。即使以前没有接触过这个库也不用担心，因为这里强调的重点是这个函数不需要任何参数。注意，在示例的函数定义中（即 def printDate），并没有使用括号。

另一点需要注意的是，在调用这个函数时，也没有使用括号。在之前的示例中，无论何时调用函数，都会用到括号。但是在这里，由于函数没有任何参数，所以可以使用不带括号的 printDate 来调用它。

▶▶ 单行函数

一定有人注意到了，有时会将函数体放在大括号 { } 中。但是，如果函数体只占用了一行而不是多行，就可以省略掉包围函数体的大括号，就像在上一个示例中所做的那样。但是请注意，如果函数体占用了多行，则必须使用大括号。

出于个人习惯，无论函数体占用了一行还是多行，我都会使用大括号。这样做的好处是如果将来需要修改函数，即使修改后的函数占用了不止一行，这样就不用再考虑使用括号的问题了。

▶▶ 在函数中使用 return 语句

到目前为止，我已经强调了在 Scala 中使用函数时，并不非得需要返回语句来表示将从函数返回什么值。这与许多其他编程语言形成了鲜明的对比，如 Python 会要求显式地编写返回语句。但是有一种特殊的情况，Scala 确实需要编写返回语句，否则就会报错。

如果以前接触过编程，应该知道递归的概念，即一个函数反复调用自己来执行特定的任务，而每次调用都会有一个结束条件（如果不太懂递归，我建议最好研究一下，但在本书中不做讲解）。在使用递归时，必须在函数中使用 return 语句。

在介绍了 Scala 中使用函数的诸多注意事项之后，继续深入研究一些在 Scala 函数编程根源中的一些高级概念。

将函数作为参数传递 ▶▶

Scala 是一门函数式编程语言，大多数人不应该感觉到陌生，而是应该回忆起一些函数式编程语言的概念。函数是一等公民，它可以像其他任何对象一样被对待。

到目前为止，我们已经学习了将指定数据类型的参数传递给函数。这些数据类型既可以属于 Scala 的类型层次结构，也可以是自己定义的类。在函数式编程的概念诞生之前，并不存在将函数作为参数传递给其他函数的想法。但是在函数式编程语言中，可以将函数作为参数传递给函数。

在 Scala 的集合上使用 map、foreach 等函数时，就会看到这个理念的使用价值。同时，有许多函数在 Spark 的 API 中几乎以相同的语法形式被广泛使用着。因此，现在学习这些概念将对未来开发 Spark 影响深远。

为了深入探讨这部分内容，这里有一个直观的例子来解释下这个概念。例如，当一个函数可以用来处理以下两种情况，而具体处理哪种情况将取决于传递给它的参数类型（在这里指是函数类型）：

- 可以将字符串转换为小写。
- 可以将字符串转换为大写。

如何在 Scala 中利用函数式编程解决这个问题呢？

下面先创建两个函数来完成刚才提到的两种情况。

```
scala> def convertToUpper(name:String):String = name.
toUpperCase
convertToUpper: (name: String)String


scala> def convertToLower(name:String):String = name.
toLowerCase
convertToLower: (name: String)String
```

现在已经创建了两个函数来完成这些任务：一个函数将字符串转换为小写，另一个函数将字符串转换为大写。

现在再创建一个高阶函数，它将负责处理这两种情况，或者说负责调用这两个函数。这个函数可以如下这样定义。

```
scala> def changeCase(givenName:String,caseConverter:(String)=>
String) = caseConverter(givenName)
changeCase: (givenName: String, caseConverter: String =>
```

```
String)String
```

现在详细地剖析这个示例函数代码。

- 定义一个名 changeCase 的函数。它第一个参数（givenName）的类型是 String，也就是想要转换为大写或小写的字符串。
- 有人应该注意到了第二个参数，是否会觉得有些疑惑呢？首先，该参数名是 caseConverter，然后，在冒号之后通常会指定参数类型。在这个示例中，可以这样指定"类型"。

```
(String)=>String
```

这是什么意思呢？在 Scala 中，它意味着可以接受将 String 类型作为参数的任意函数（可表示为 (String)=>String，即 => 前面的内容），同时该函数的返回类型也为 String（可表示为 (String)=>String，即 => 后面的内容）。

这是一种通用的表示方法，因为有很多函数都能符合条件（即该函数可以接受一个 String 类型的参数并且返回一个 String 类型的值）。

还可以将其视为一个包装器，它可以容纳满足两个条件的任何函数：接受一个字符串参数及返回字符串类型。

现在将这个函数与之前创建的两个函数 convertToLower 和 convertToUpper 进行比较。这两个函数均接受一个字符串参数，并且都返回了字符串类型，所以它们都适用于这个高阶函数。还可以将它们传递给高阶函数中接受函数形式为 (String)=>(String) 的第二个参数（caseConverter）。

现在再来看看函数体。它调用了只传递一个参数（givenName）的 caseConverter 函数。被调用的 caseConverter 函数将执行其逻辑（具体执行什么逻辑取决于传递给 caseConverter 参数的函数名称）并返回结果，然后再由外层函数（changeCase）最终返回结果。

综上，想要调用这样一个函数，只需要执行如下操作即可。

```
scala> changeCase("irfan",convertToUpper)
res12: String = IRFAN
```

给第一个参数传递了 "irfan" 字符串，现在这应该很简单了吧？对于第二个参数，传

递了之前所创建的 convertToUpper 函数名称。这个函数将被传递给 caseConverter 参数。现在,caseConverter 将具体化为 convertToUpper,在 changeCase 函数体中调用 caseConverter 时,它将实际调用 convertToUpper 来完成任务,即将字符串转换为大写。

同样,也可以像这样调用。

```
scala> changeCase("IRFAN",convertToLower)
res13: String = irfan
```

简而言之,这样传递了一个函数(如 convertToLower 或 convertToUpper)作为函数(如 changeCase)的参数。这其实就是 Scala 的函数式编程特性,就像将值传递给变量一样,函数本身就是变量。所以才有这样的名言:函数是 Scala 中的一等公民。

在接下来的章节中,当在 Scala 集合上使用像 map 和 filter 这样的函数时,会经常遇到这个理念的实际应用。这些函数将另一个函数作为参数,并对集合执行强大的操作。

匿名函数 ▶▶

现在已经知道能通过定义函数名来定义函数,然后通过这些函数名来调用它们。在创建函数时,在 def 关键字后面指定函数名。

Scala 还提供了另一种定义函数的方式,称为匿名函数。在 Python 中,与之等价的特性是 lambda 函数。匿名函数不指定函数名称,也就是说函数是没有名字的。通常在需要将函数作为参数传递给其他函数时会用到匿名函数。

下面是 Scala 中定义匿名函数的语法。

```
(parameterName:parameterType)=>function_body
```

按照上面声明的语法,创建几个匿名函数来进一步理解这个概念。

```
(name:String)=>name.ToUpperCase
(name:String)=>name.ToLowerCase
```

想要使用它们,可以将匿名函数赋值给一个变量,这要多亏 Scala 函数式编程的支持。

```
scala> val convertToUpperAnon=(name:String)=>name.toUpperCase
convertToUpperAnon: String => String = $$Lambda$1137/45854145@5a5183ed
```

现在来看看这段代码。

- 定义了一个名为 convertToUpperAnon 的变量。

- 为该变量分配了一个值，也就是=右边的所有内容。

- =右边定义了一个匿名函数，它只接受一个参数（String 类型的 name），并对它执行了一些操作（转换成大写）。

```
(name:String)=>name.toUpperCase
```

- 现在可以像下面这样调用这个匿名函数。

```
scala> convertToUpperAnon("irfan")
res22: String = IRFAN
```

这里使用了一个用于存储匿名函数的变量。该变量将作为函数的容器，能接受一个参数，因此在括号中写入的内容就将作为参数传递给匿名函数。

注意，在这里并没有使用 def。

类似地，当调用刚才定义的 changeCase 函数时，还可以这样写：

```
scala> changeCase("irfan",(x:String)=>x.toUpperCase)
res21: String = IRFAN
```

与之前不同的是，这次传递了一个匿名函数((x:String)=>x. touppercase)作为第二个参数。还记得之前 changeCase 的函数定义吗？是像下面这样的。

```
def changeCase(givenName:String,caseConverter:(String)=>String)
= caseConverter(givenName)
```

根据函数定义，期望在第二个参数中接受一个将字符串作为参数并返回一个字符串的函数。那么匿名函数能否实现这样的操作呢？这样的操作在前面已经实现了，它接受了一个字符串参数(x: string)，并且返回了 String 类型(x.toUpperCase)。这就是在这里能够使用匿名函数的原因。

有关 Scala 的优秀特性，内容还有很多，但由于本书是专门在大数据开发背景下介绍

Scala 的，所以我建议能够在掌握本书内容的基础之上再展开进一步研究。

本章介绍了函数的概念和强大的特性，并提到了一些与之相关的注意事项。平时一定要尽可能多地练习这些内容，因为在编程中的各个环节都会大量运用到这些知识。

练　　习

- 在 Scala 的函数式编程上下文中理解函数和方法之间的区别。
- 设计一个递归用例，并使用它。
- 试着在函数中使用函数，如内部函数，看看是否能在外部函数中引用内部函数。
- 了解在 Scala 中变量是通过值复制还是通过引用复制，说明这样做的含义。
- 理解函数的最佳实践方式，它们应该被设计成一个且只执行一个任务。

第九章
集　合

迄今为止，人们一直在使用变量和数据类型编程。我们已经看到 Scala 代码中的每一行都是一个有返回值的表达式。此外还可以将多个表达式以代码块的形式分组，以便返回最后一个表达式的结果，但在这种情况下，只能返回一个值，并且目前用到的所有变量也仅能存储一个值。

在许多场景中都会用到能够包含多个值的数据类型或数据结构。更具体点说，这种数据结构或者类型的变量可以包含一个以上的值。在 Scala 中，这样的数据类型被称为集合。Scala 集合的生态系统非常强大。本章是本书中内容最丰富的一章，这是有原因的：如果能够掌握 Scala 集合的强大开发技巧，那么在开发 Spark 的 API 时就会变得容易很多。在 Spark 中，需要处理大量的集合（尽管它们是分布式的，但是使用方式却非常相似）。这就是为什么我在这一章上会花费很多精力，我确实希望每个读者都能从中受益。

现实中的集合示例 ▶▶

下面展示一些生活中真实存在的集合。

- 食品杂货的集合（苹果，面包，鸡蛋，黄油，油）。
- 学生的集合（Irfan，Raza，Arslan，Ahad，Hammaad）。
- 温度值的集合（100，98.8，101，102，95）。
- 表示仍在公司工作的员工集合（真，真，假，假）。（其中，真代表仍旧在职的员工，假则代表员工已经离职）

这些集合有什么共同之处呢？除了它们都是集合，另一个相似之处就是集合内元素的数据类型是相同的。例如，第一个和第二个集合的元素都是字符串类型，第三个集合的元素是数值类型，第四个集合的元素则是布尔类型。

在 Scala 中，处理像列表（List）、数组（Array）和序列（Sequence）这样的集合时（列表和数组是序列的具体实例），集合中的数据应该是相同类型的。

下面来看另一种形式的集合。

- 客户到数字的映射（"Irfan"➤10019181，"Raza"➤1219121）
- 国家到首都的映射（"巴基斯坦"➤"伊斯兰堡"，"澳大利亚"➤"堪培拉"，"美国"➤"华盛顿"）

在这些例子中，集合包含了"something_first"➤"something_second"这样的形式。结合上下文，"something_first"可以被认为是用于查找值 value（即"something_second"）的键 key。这类似于手机上的联系人列表，人们通过联系人名字（key）可以查找电话号码（value）。

这个概念非常强大，因为它提供了一种即时索引的特性。如果知道 key，就可以立即找到它的 value，而无须通过遍历整个集合来查找值。在 Scala（和其他语言）中，有一个名为 Map（也称为 hash-map）的数据结构用来存储这样的数据。Map 是 Scala 的一种集合类型，本章将详细地探讨它。然而，在构建可能会产生冲突的数据结构时，会存在一些问题，例如，如何保证 key 是唯一的。如果 key 不唯一，则可以采取一些方式来处理它们，例如针对该 key 可以覆盖它原来的 value。为了进一步说明这一点，假设一个名为将 "Irfan"将的 key 存在于 Map 集合中，它的值是 10019181，当试图插入另一个键值对将 "Irfan"将➤200 时，将会覆盖之前的值。这是与数据结构相关的概念，如果不是很明白的话也不必太纠结。

即使在 Map 中，特别是在 Scala 和其他类型安全的语言（如 Java）中，一旦定义了 key 和 value 的类型，它们也必须保持相同。例如，如果 key 是字符串类型，value 是数值类型，那么每个 key-value 对都应该遵循这个类型和格式，而不能把不同的类型混在一起。但是，key 和 value 本身可以是任何类型。

下面还有一种 Scala 集合的形式：

- 一个患者的记录：1, John Doe, St Mary Hospital, Dr. Robert Jones
- 一个顾客的记录：10, Tony Stark, Pre-paid, Lahore, Pakistan, true

这里首先会注意到的是什么？可能已经有人注意到，在每个集合中，包含了不同类型的元素。对于患者记录，有 id（1, Int）、名字（John Doe，字符串）、医院名称（St Mary hospital，字符串）和医生名称（Dr. Robert Jones，字符串）。

在之前的示例中，集合中所有元素都是相同的类型。而在这个示例中，集合中却有了不同类型的元素。这样的集合被称为元组（tuples）。Python 中也存在这样的集合，与在 Scala 中的叫法一致。

最后，Scala 中还有另一种类型的集合称为 set，它的特性是元素无序且不允许重复。如果曾在初等数学中学习过集合，那么这两个确切的属性也存在于数学集合中，并且在 Scala 的世界中抽象出来。所以在创建一个 set 时，并不能确定它里面元素的顺序；如果尝试从具有重复值的集合中创建出一个 set，它将删除重复值（因此这也是删除集合中重复元素的一种方法）。

理解 Scala 集合的另一个角度与可变性和不可变性有关。在 Scala 中，会发现集合分为两类：

- 可变的
- 不可变的

这意味着一旦在 Scala 中初始化一个不可变的集合，就不能从其中添加、删除、更新元素。而在可变的情况下，可以执行这些操作。但仍有一些需要注意的地方，稍后将讨论这些问题。

现在已经对集合有了直观的了解，下面转向实际操作部分，这才是真正有趣的地方。

理解列表 ▶▶

Scala 中最常用的集合之一就是 List。对于开发人员来说，它实际上就是一个链表。Scala 的 List 会被编译器优化，所以使用它会很高效。但它也有一定的局限性，如不适合并行编

程等。

在本章前面介绍的示例中（如杂货的集合、学生的集合等），所有元素都是相同类型的。现在来创建第一个 List。

```
val myIntegerList = List(1,2,10,30)
val myStringList = List("New York", "Melbourne", "Islamabad",
"Istanbul")
```

还可以在 Scala REPL 中创建这些 List，如图 9-1 所示。

```
scala> val myIntegerList = List(1,2,10,30)
myIntegerList: List[Int] = List(1, 2, 10, 30)

scala> val myStringList = List("New York", "Melbourne", "Islamabad", "Istanbul")
myStringList: List[String] = List(New York, Melbourne, Islamabad, Istanbul)
```

图 9-1　在 Scala 中创建 List 集合

使用 Scala REPL 输出额外信息的特性，可以获取到如下内容。

- myIntegerList 是一个类型为 Integer 的 List。Scala 编译器通过查看 List 中的元素，发现所有元素都是 Integer 类型，因此推断出该 List 的类型。

- 对 myStringList 也是采用类似的方法，Scala 推断其类型是 String。

你也可以在 List 中放入不同的元素类型：

```
val mixList = List(1,"New York","Melbourne",2,"Islamabad")
```

操作的结果在 Scala REPL 中的显示如图 9-2 所示。

```
scala> val mixList = List(1,"New York","Melbourne",2,"Islamabad")
mixList: List[Any] = List(1, New York, Melbourne, 2, Islamabad)
```

图 9-2　在 Scala 中创建混合类型的 List 集合

创建 mixList 时，其中的元素类型是不同的，既有 String 类型又有 Integer 类型，此时 Scala 将分配最高类型（Any）。Scala 提供了另一种名为 Tuples 类型的集合，它允许存储不同的数据类型，将在后面进行介绍。但是，在上面的示例中，mixList 仍然属于一个 List（类型为 Any）。

对于了解面向对象编程的开发者来说，看到这里应该想起一个叫多态的概念。

索引列表元素

在创建了一个 List 之后，还能做些什么呢？可以通过索引访问每个元素，具体做法是通过括号指定一个数字，可表示为如下代码。

```scala
scala> myIntegerList(0)
scala> myIntegerList(2)
scala> myStringList(0)
scala> myStringList(3)
```

如图 9-3 所示。

```
scala> myIntegerList(0)
res1: Int = 1

scala> myIntegerList(2)
res2: Int = 10

scala> myStringList(0)
res3: String = New York

scala> myStringList(3)
res4: String = Istanbul
```

图 9-3　在 Scala 中访问 List

与许多其他编程语言一样，索引是从 0 开始的。这意味着，如果想访问第一个元素，可以使用 0 并从 0 开始计数。如图 9-4 所示强调了这一点。

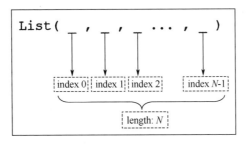

图 9-4　在 Scala 中索引一个 List

因此，myIntegerList(0) 和 myStringList(0) 表示两个 List 中的第一个元素，myIntegerList(2) 表示了第三个元素，myStringList(3) 则表示第四个元素。

▶▶ 在列表中能存储什么

在 List 中可以存储任何想要存的 JVM 对象。我的意思是可以在 List 中存储任何想要的类型，并不仅局限于 Integer 或 String 这样的基本类型（注意，这些类型在 Java 等其他语言中并不被当作基本类型）。因此，创建自己的类型并将其存储在 List 中。如为了表示一个人，通过 case class 创建了一个类，如下所示：

```
case class Person (name:String, age:Int, employer:String,
isMarried:Boolean)
```

可以将这个表达式看作是一种新的类型，它允许存储关于一个人的数据或记录，如姓名、年龄、老板和婚姻状态。现在不用考虑太多，只要能理解这是自己创建的一种类型即可。

在前面例子中，List 中存放了整数和字符串类型。还可以创建一个存放 Person 类型的 List，如下所示。

```
val listOfPersons = List(Person("irfan",30,"Deloitte",true),
Person("Tony Stark",45,"Avengers", false), Person("Neo",34,
"Matrix",true))
```

在 Scala REPL 中，上述操作可以得到如下结果。

```
scala> :paste
// Entering paste mode (ctrl-D to finish)

case class Person (name:String, age:Int, employer:String,
isMarried:Boolean)
val listOfPersons = List(Person("irfan",30,"Deloitte",true),
Person("Tony Stark",45,"Avengers",false), Person("Elon Musk",
34, "Tesla", true))

// Exiting paste mode, now interpreting.

defined class Person
```

```
listOfPersons: List[Person] = List(Person(irfan,30,Deloitte,
true), Person(Tony Stark,45,Avengers,false), Person(Elon Musk,
34,Tesla,true))

scala> listOfPersons
res0: List[Person] = List(Person(irfan,30,Deloitte,true),
Person(Tony Stark,45,Avengers,false), Person(Elon Musk,
34,Tesla,true))
```

Scala 没有报错，说明这是一个有效的操作。注意此处 List 的类型是 List[Person]，之前，使用的有 List[Int] 和 List[String] 类型。

因此这里强调可以在 List 中存储任何想要的对象。

我可以把能够用 List 做的事情写满整本书，但这超出了本书所要讲解的范围，所以我只介绍一些有关 List 操作的函数和方法。

▶▶ 被广泛使用的列表操作

本节将介绍一些常用的关于 List 的操作。

列表的长度

通过 .length 字段来确定 List 的长度，如下所示：

```
myIntegerList.length
```

它将返回一个表示 List 长度的整数。

注意：字段（field）是一个与面向对象编程有关的概念，但目前可以将它看作是表示对象属性的东西。因此，对于 List 来说，如果将其视为一个对象，则 length 字段是它的一个属性，用来表示它的长度。

列表的基本统计

使用 List 中的 .min 和 .max 字段来查找 List 中的最小和最大的元素。通过创建一个整数 List 并找到这个 List 的最大值和最小值。

将列表转换为字符串

很多时候，需要根据 List 的元素创建一个字符串。为此，可以使用 .mkString 方法。该方法还允许指定分隔符，如图 9-5 所示。

```
scala> myStringList.mkString(";")
res14: String = New York;Melbourne;Islamabad;Istanbul
```

图 9-5　根据 List 的元素创建一个字符串

如图 9-5 所示，该返回值是一个字符串。它连接了 List 中的每个元素，并添加了指定的分隔符。试着使用不带分隔符的 mkString 方法，看看会发生什么。

遍历列表

由于 Scala 的函数式编程特性，有很多方法都可以遍历 List 中的元素。以下是几种常用的方式：

- foreach
- map
- 循环（第十章介绍）

不要将这里的 map 与之前提到的 hash-map 相混淆。之前说的 hash-map 是一种数据类型，而此处是指一个允许遍历 List 中元素的函数。

使用 map 函数遍历列表

map 函数是我的最爱用的函数之一。在使用 Spark 的 API 进行编程时，会使用与之类似的函数。实际上，对 List 执行的许多操作都与使用 Spark 的 API 所执行的操作类似。因此，为了成为一名大数据开发人员，需要先拥有一个坚实的 Scala 基础。

理解 map 函数的最佳方式就是使用它。

与在字符串数据类型上使用的方法（如 split 或 replace）不同，map 函数可以接受一个函数作为参数，这在第八章已经讲过了。

了解函数式编程的概念

函数式编程拥有多样化的含义，但是正如前面所阐述的，如果一种语言支持函数式编程，那么函数将成为这种语言的一等公民。这就意味着，可以像对待其他数据对象那样来对待函数。例如，可以将函数赋值给变量，也可以将其作为参数传递给其他函数。其中，将一个函数作为参数传递给另一个函数的概念是理解接下来要讲的两个函数（map 函数和 foreach 函数）的基础，同时，这两个函数也会以相同的形式和含义出现在 Spark 的 API 中。

现在知道 map 函数能接受一个参数，并且这个参数是一个函数：

```
map(f(x))
```

其中 f(x) 是一个传递给 map 的函数。

有 map 函数另一个重要特性：作为参数传递给 map 的函数将应用在 List 中的每个元素上。所以不管 f(x) 执行了什么操作，它都会被一个接一个地应用到 List 中的每个元素上。即 List 中的每个元素都会调用这个函数，并且该函数在对每个元素执行一些操作后会返回一个值。

图 9-6 说明了上述特性。

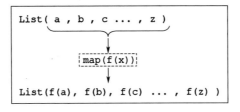

图 9-6　对一个 List 使用 map 函数

如图 9-6 所示，List 会被 f(x) 函数执行转换，List 中的每个元素都将调用该函数进行转换。用一个例子来分析这个过程。假设定义了一个函数，用来生成每个整数的平方值。

```
def squareThis(givenParam:Int):Double = math.pow(givenParam,2)
```

现在可以调用这个定义好的函数了。当输入一个整数时，它将返回该数字的平方值。很简单吧！

现在定义一个 List。

```
val numberList = List(1,3,5,7,9)
```

这个 List 包含了一些数字，此外没有别的特殊之处。

如果想要得到这个 List 中每个元素的平方值该怎么办呢？需要将 squareThis 函数应用到 List 中的每个元素上。在非函数式编程语言中，通常会编写一个循环来遍历 List 中的元素并执行操作，但是在 Scala 这样的函数式编程语言中，可以通过使用 map 函数，以更加直观的方式来完成同样的功能。

```
numberList.map(x=>squareThis(x))
```

在这里可能有人不明白(x=>squareThis(x))是什么意思，可以用之前定义的 squareThis 函数来分析这个代码。不过，这个新的符号是什么意思呢？

其实这背后包含着很多语法，现在介绍一种简单的理解方法，在表达式(x=> SquareThis(x))中，=>前面的 x 表示一个参数。在本例中，它表示调用 SquareThis 函数的 List 中的每个元素。在第一次迭代时，x 的值是 1，然后是 3，然后是 5，以此类推。因此 x 一个接一个地保存了调用 map 函数的 List 中的值。

后半部分就更简单了，=>的右侧表示要调用的函数。这就是说对每个 List 中需要迭代的 x 都调用了 SquareThis 函数。

Scala 提供了一种更简单的方式来调用函数。

```
numberList.map(squareThis)
```

这与之前的那种调用方式是类似的。不过，这种方式通常在函数只接收一个参数的上下文中使用。

正如在 map 函数中自定义了一个要传入的函数一样，也可以调用数据类型附带的函数。如在以下字符串类型的 List 上执行操作。

```
val stringList = List("Australia","USA","UK","Malaysia","Singapore")
```

假如想要获取 List 中的每个元素的长度，可以执行像下面这样操作：

```
stringList.map(x=>x.length)
```

这样就能获取到 List 中每个元素的长度了。

练习：List 和 map 函数

map 函数可以在很多场景中使用。这里通过一些例子来加强对这个函数的理解。

- 创建一个数字 List，然后判断如果 List 中一个元素是偶数，则返回 true；否则，返回 false。
- 创建一个字符串 List 并提取每个字符串的第一个和最后一个字符。
- 在 Scala 中加载一个文件，并将其内容加载到 List 中，然后逐一遍历每一行。

使用 map 函数会返回什么

使用 map 函数时有一个需要注意的地方，即 map 函数会将传递给它的函数应用到 List 中的每个元素上，然后再返回一个 List。这样的函数结果与其他函数相比（如 foreach）差别很大，后者实际上不会返回任何内容。

如果在一个 List 上调用 map 函数，还会得到一个 List。然而，这里有一个重要的、需要声明的地方，即这两个 List 的元素类型不一定是相同的。有人应该已经察觉到了这一点，当创建了一个字符串 List 并通过 map 函数获取每个元素的长度时，返回的 List 类型是不同的。

再次运行上一个示例，注意原始 List 的类型（List[String]）和调用 map 函数生成的 List 的类型 List[Integer]，其中 map 函数中包含了一个 .length 函数。我知道此处的 .length 不是函数，但为了简洁起见，可以先这样理解。列表的类型是 List[Integer]，这样可以将 List 从一种类型转换成另一种类型，如图 9-7 所示。

在 Spark 编程中，会经常用到这个操作，因为会把 RDD（装载在 Spark 中的分布式数据集的名称，它的作用类似于 Scala 的 List）从一种形式转换为另一种形式。

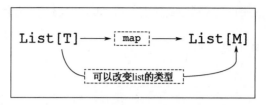

图 9-7　对 List 使用 map 函数时的返回类型

在列表上使用 foreach 函数

在理解 map 的基础上，再来看看 foreach 函数。foreach 函数很简单，操作方式与 map 函数相同，即传递一个将要应用于 List 中每个元素的函数。唯一要注意的是，与 map 函数不同的是，foreach 的返回类型是 Unit，即它不返回任何值，而 map 函数会返回一个 List。

图 9-8 进一步说明了这一点。

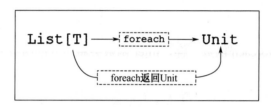

图 9-8　对 List 使用 foreach 函数时的返回类型

foreach 函数的概念是使用它对每个元素进行一些处理。通常，它用于打印 List 中的元素。如果想与第三方系统交互，也可以使用 foreach 函数更高级的功能，如将 List 中的每个元素都存储到数据库中。在这种情形下，并不需要返回 List。foreach 函数是一个非常有用的函数，在 Apache Spark 中被大量使用，主要用于和数据库或消息队列等其他系统进行交互。

现在，尝试像下面这样使用 foreach。

```
numberList.foreach(x=>squareThis(x))
```

执行上面代码的时候，得不到任何输出内容。这是为什么呢？因为它没有返回任何值，因此也不会打印任何东西。

还可以像下面这样操作。

```
numberList.foreach(x=>println(s"My id is $x"))
```

可以看到 println 语句提供的一些输出值。println 会打印每个元素。但这并不意味着 foreach 会返回一个值。它仍然不会返回任何东西。或许有人会质疑我口说无凭，那么试着将其赋值给一个变量并查看类型。

```
numberList.foreach(x=>println(s"My id is $x"))
```

结果是 Unit。

在列表上使用 filter 函数

filter 函数被广泛应用在 List 上，它在 Apache Spark 的 API 中有一个"表亲"。filter 用于选择 List 中满足特定条件的某些元素，然后返回一个 List。

filter 函数和 map 函数有一些相似点，如下所示：

- 像 map 函数一样，filter 函数也会返回一个 List。这和 foreach 函数不同。
- 像 map 函数、foreach 函数一样，filter 函数也需要传入一个函数形式的参数。
- 像 map 函数、foreach 函数一样，filter 函数会将传入的函数参数作用在 List 的每个元素之上。

以上是函数的相似之处，再来看看 filter 函数独有的特点。

- 想要作用在 List 上的函数的返回值必须是 Boolean 类型（true 或者 false）。通常，这个传入的函数会对 List 的每个元素执行一些条件检查，然后返回 true 或 false。
- 如果传入的函数作用于 List 中的某个元素后返回 true，则该值将保留在返回的 List 中；如果返回 false，那么该值将被丢弃，并且不会出现在返回的 List 中。

用一个例子来解释上面所说的内容。

假设这里有一个数字类型的 List（从 1 到 10），希望从该 List 中将偶数选出来。下面看看如何通过 filter 函数实现这个需求。

首先，定义一个函数，它将作为参数传递给 filter 函数。

```
def isEven(givenParam:Int):Boolean = givenParam%2 == 0
scala> val numberList=(1 to 10).toList        //这是一种快速创建List的方法，它
将创建一个从1到10的数字组成的List。
numberList: List[Int] = List(1, 2, 3, 4, 5, 6, 7, 8, 9, 10)
//就像上文对map执行的操作那样，如果将isEven函数传递给.fliter，将会得到如下结果：
```

```
scala> numberList.filter(x=>isEven(x))
res2: List[Int] = List(2, 4, 6, 8, 10)
```

正如结果所显示，返回的 List 中只有偶数。这取决于在 filter 函数中传递的函数，只有那些返回 true 的 List 元素才会出现在返回 List 中。

其他需要理解 filter 函数的地方是：

- 得到一个与原始 List 具有相同类型的返回 List。
- filter 函数返回 List 中的元素数量可以与原始 List 相同，也可以小于原始 List。

因此，如果有一个想要筛选、选择、排除或者包含 List 中某些特定元素的需求时，应该使用 filter 函数，而不是 map 函数或 foreach 函数。

在列表上使用 reduce 函数

到目前为止，我们已经知道了对 List 中的每个元素进行操作的函数。若希望对 List 中的元素执行某种聚合，就可以使用 reduce 函数。reduce 函数的原理是获取 List 中的所有元素，并以某种方式将它们聚合起来生成单个值。具体来说，reduce 函数会对 List 中的前两个元素执行一个二元操作，组合完成后，会将这次聚合的结果继续与 List 中的下一个元素进行组合，这个过程将一直持续到 List 的最后一个元素。

需要注意的是，reduce 函数作用于那些会用到二元操作符（即用到两个操作数的操作，如加法、乘法，以及字符串连接等）的场景中。

假设有一个数字类型的 List，现在想求 List 中所有元素的和，就可以使用 reduce 函数（使用 .sum 函数也可以）。

```
scala> val List=(1 to 10).toList
List: List[Int] = List(1, 2, 3, 4, 5, 6, 7, 8, 9, 10)

scala> List.reduce((x,y)=>x+y)
res11: Int = 55

scala> List.reduce(_+_)
res12: Int = 55
```

现在来分析下这段代码。

- 对（1 to 10）的集合调用了 .toList 来创建一个 List。

- 使用 reduce 函数。在 reduce 函数中，指定了((x,y)=>x+y)这个参数，这就意味着当其作用在 List 中的两个元素时，它将对这两个元素执行加法操作并得到一个聚合（相加）后的值。

在底层实现时，x 变量的作用就像一个累加器，它会被初始化为 0（因为这里使用的是加法；如果使用乘法，它的初始值是 1）。然后它开始一个接一个地添加 List 的元素。一开始，x 的值是 0，然后它会与 List 中的第一个元素相加，得到 1。之后在第二次迭代中，x 将与 List 中的第二个元素相加，得到 3，此时 x 变为 3，依此类推，所以 x 就像一个累加器，图 9-9 更清晰地展示了这个过程。

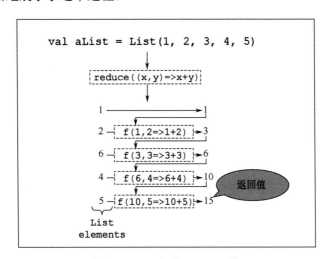

图 9-9　List 上的 reduce 函数

Scala 提供了一种语法，可以将((x,y)=>x+y)表示为(_+_)，这二者意思相同，但是后者的写法更加简洁。

检查两个列表是否相等

可以使用==操作符来快速检查两个 List 是否相等（即两个 List 是否包含相同的元素）。与其他语言不同，这是 Scala 提供的一种快速检查 List 是否相等的方式。

创建列表的其他方法

现在已经见过两种创建 List 的方式了，此外，Scala 还提供了一种通过 (::) 操作符和 Nil 的方式来创建 List，示例如下：

```
scala> val aList = "a" :: "b" :: "c" :: Nil
aList: List[String] = List(a, b, c)
```

其中，Nil 表示一个空 List 或长度为零的 List。

练习：列表

- 探索如何实现 List 的追加、向 List 中添加一个元素，以及获取两个 List 的并集或交集。执行这些操作时，它们是会改变原来的 List 还是返回一个新的 List 实例？
- 创建一个字符串 List，然后试着使用 reduce 函数来实现与使用 .mkstring 函数时相同的输出内容。

创建集合 ▶▶

如前所述，集合中的元素是唯一的，并且这些元素不分先后顺序。

下面是在 Scala 中创建集合的方法。

```
scala> val aSet = Set(1,10,121)
aSet: scala.collection.immutable.Set[Int] = Set(1, 10, 121)
```

注意，Set 中的元素必须具有相同的数据类型。

如果试图在 Set 中添加重复的元素，那么它会直接地丢弃这些重复的值。

```
scala> val aSet = Set(1,10,121,10)
aSet: scala.collection.immutable.Set[Int] = Set(1, 10, 121)
```

在本例中，创建了一个包含重复值 10 的 Set，但是 Scala 却创建了一个删掉多余重复值的 Set。因此，需要从 List 中删除重复项时，可以将该 List 转换为一个 Set，这样它就会自动删除重复项。如下面这个例子所示。

```scala
scala> val duplicateList = List(1,10,121,10)
duplicateList: List[Int] = List(1, 10, 121, 10)

scala> duplicateList.toSet
res24: scala.collection.immutable.Set[Int] = Set(1, 10, 121)
```

像访问 List 那样访问 Set 的元素时，会得到意料之外的结果。如下所示，如果对 Set 使用了括号：

```scala
aSet(N)
```

这并不会获取 Set 中 N 位置的元素。相反，它将 N 作为一个待检查的元素值，并判断这个值是否存在于该 Set 中。

```scala
scala> aSet
res25: scala.collection.immutable.Set[Int] = Set(1, 10, 121)

scala> aSet(1)
res26: Boolean = true

scala> aSet(10)
res27: Boolean = true

scala> aSet(20)
res28: Boolean = false
```

由于 Set 是无序的，所以访问第一个或第二个元素是没有意义的事情。这就是为什么 aSet() 只是用来检查一个元素是否存在于 Set 中。

如果希望像遍历 List 那样遍历 Set 中的元素，则可以使用 map 或 foreach。

理解 Map 集合 ▶▶

我们非常详细地讲解了 List，这是因为 List 非常重要，它是集合的基础，在 Scala 中也有着广泛的应用。现在来看看 Map 这种集合。首先，Map 集合与之前在 List 中使用的用来转换 List 的 map 函数没有任何关联。本节中，Map 集合是一种用来保存值的 Scala 集合，它看起来像一个 List，但又有些不同之处。

还记得在本章开头讲过的关于现实生活中的不同类型的集合的例子吗？我当时特别强调了一个场景，在这个场景中，有一些 key-value 对（键-值）类型的数据，并能根据 key 来查找 value。Map 集合的运行原理就像通过手机中联系人的名字来查找一个号码一样简单。

在 Map 集合中，数据以 key-value 对的形式存储，即 Map 集合中的每个元素都是一个 key-value 对。每一对映射好的 key 和 value 在 Map 集合中都存在于相同的索引位置上，而不会存储在不同的索引位置上。与 List 相比，Map 集合在每个索引的位置都会有一个对象或者元素。

图 9-10 进一步说明了这个概念。

```
Map(Key->Value, Key->Value ... Key->Value)
```

图 9-10　Scala 中 Map 集合的数据组成

现在看看如何创建一个 Map。

```
scala> val contactsMap = Map("thor"->918101,"captain america"-
>1281281,"hulk"->91921921)
contactsMap: scala.collection.immutable.Map[String,Int] =
Map(thor -> 918101, captain america -> 1281281, hulk ->
91921921)
```

在上面的例子中,创建了一个用来表示漫威超级英雄和其对应的联系方式的 Map 集合。现在对上例进行详细的解析。

• 此集合中的每个元素都是一个 key-value 对，用"key"->value 来表示。

• 本例中，key 的类型是 String，value 的类型是 Int，这个类型应该在 Map 集合中保持一致。如果 Map 集合由多种类型的"key"-value 对混合组成，那么它会转向更大的数据类型，如 Any，就像之前看到的那样。

- Scala REPL 可以非常清晰地显示出 Map 集合的类型。即 `scala.collection.immutable.Map[String,Int]`，这说明了两件事情：
  - ◆ 这是一个不可变的 Map 集合（当然，我们也能遇到可变的 Map 集合）。
  - ◆ 该 Map 集合的类型是 `Map [String,Int]`，这是由于 Map 集合中的 key 都是字符串类型，而值都是 Integer 类型。Scala 会根据 Map 集合中添加的元素或者 key-value 对来推断类型。

▶▶ 索引一个 Map 集合

如果像索引 List 那样索引 Map，也就是使用 (N) 的形式，结果会报错，如图 9-11 所示。

```
scala> contactsMap(0)
<console>:13: error: type mismatch;
 found    : Int(0)
 required: String
        contactsMap(0)
                    ^
```

图 9-11　索引 map 的错误方式

旧的索引方法在 Map 这里不起作用，所以不能像在 List 中那样使用数字索引或位置索引。

那么该如何索引 Map 元素呢？可以通过在括号中传递 key 来实现。如果 Map 中存在这个 key，则返回其对应的 value，如图 9-12 所示。

```
scala> contactsMap("thor")
res11: Int = 918101
```

图 9-12　正确索引 map 的方式

Map 通过 `thor` 这个 key 来查找其对应的联系电话，这与在手机中通过联系人姓名来查找联系电话的行为是一样的。

如果传递给 Map 一个并不存在的 key 会发生什么呢？结果将会看到报错，如图 9-13 所示。

```
scala> contactsMap("iron man")
java.util.NoSuchElementException: key not found: iron man
  at scala.collection.immutable.Map$Map3.apply(Map.scala:167)
  ... 28 elided
```

图 9-13　索引 Map 中不存在的 key

在 Scala 中索引 Map 元素时有一种更安全、更简洁的方式，该方式如下。

```
scala> contactsMap.getOrElse("iron man","not found")
res14: Any = not found
```

这段代码里使用了 .getOrElse，它表示如果存在 key，就返回它的 value；否则，返回指定的、作为第二个参数的值（"not found"）。

▶▶ Map 中 key 的唯一性

Map 的另一个要强调的特点是它的 key 必须是唯一的。如果有相同的 key，会发生什么呢？Scala 并不会报错，而是产生其他的结果。

```
scala> val contactsMap = Map("thor"->918101,"captain america"
->1281281,"hulk"->91921921,"thor"->99021)
contactsMap: scala.collection.immutable.Map[String,Int] = Map(thor ->
99021, captain america -> 1281281, hulk -> 91921921)

scala> contactsMap("thor")
res0: Int = 99021
```

Scala 返回了在 Map 中添加的最后一个 key-value 对的值，并忽略了之前添加的相同 key 的 value 值。如果要查找的一个 key 在 Map 中出现多次，那么应该返回哪个 value 呢？面对这个问题，Scala 遵循的原则是返回最新添加的那个 value 值。正如前面示例所示，使用 contactsMap("thor") 来查找 "thor" 的 value 时，它将返回 Map 中最新添加的那个 "thor" 的 value 值。

但是，对 value 则没有这样的限制，Map 中 value 值不必唯一。

▶▶ 创建 Map 集合的其他方式

与 List 一样，Scala 也提供了另一种创建 Map 集合的方法。这与之前创建 Map 集合的方法相比，主要有两个不同之处。

- 用括号括住 key-value 对。
- 用逗号(，)替换->。

下面给出示例。

```
scala> val contactsMap = Map(("thor",918101),("captain america",
1281281),("hulk",91921921),("thor",99021))
contactsMap: scala.collection.immutable.Map[String,Int] = Map(thor ->
99021, captain america -> 1281281, hulk -> 91921921)
```

这两种创建 Map 集合的方式没有什么区别。

▶▶ 操作 Map

如果想知道 Map 中有哪些可用的 key，需使用 .keys 属性。

```
scala> contactsMap.keys
res1: Iterable[String] = Set(thor, captain america, hulk)
```

同样，如果想知道 Map 中有哪些 value，那就使用 .values 属性。

```
scala> contactsMap.values
res2: Iterable[Int] = MapLike.DefaultValuesIterable(99021,1281281,
91921921)
```

如果想知道一个特定的 key 是否存在于 Map 中，可以使用 contains 方法，如果存在，它将返回 true；如果不存在，则返回 false。

```
scala> contactsMap.contains("thor")
res3: Boolean = true
```

```
scala> contactsMap.contains("black panther")
```

```
res4: Boolean = false
```

如果想更新某个 key 的 value，可能会得到意料之外的结果，因为这是一个不可变的 Map 集合。

假设 Hulk 的联系电话变了，想在当前的 Map 实例中更新它。

```
scala> contactsMap("hulk") = 81729191
<console>:13: error: value update is not a member of scala.
collection.immutable.Map[String,Int]
        contactsMap("hulk") = 81729191
```

这样会得到报错。对于这种情况，必须使用可变集合，这个内容将在后面讨论。另外，即使用了可变集合，也必须谨慎地执行更新 value 类型的操作。

▶▶ 用函数风格迭代 Map

Map 集合也提供了一个 map 函数。可以通过该函数来转换 Map 集合。但是，由于要处理的是 key-value 对，所以使用上会稍有不同。

例如，将每个 key（本例中的 key 是联系人名称）改为大写。

为此，必须将集合中的每个元素都进行转换，并得到一个新的 map 函数。map 函数是很有用的（注意不是返回 Unit 的 foreach 函数，或者用来排除、包含某些元素的 filter 函数）。

综上，我们来看如下示例。

```
scala> contactsMap.map{case(x,y)=>x.toUpperCase -> y}
res24: scala.collection.immutable.Map[String,Int] = Map(THOR ->
99021, CAPTAIN AMERICA -> 1281281, HULK -> 91921921)
```

下面分析这段代码。

- 在 Map 上使用 map 函数的方式与在 List 上的方式相同。
- 在 map 函数的函数体处，使用大括号 {} 而不是使用括号。否则，将得到一个 "illegal start of simple expression" 的报错。
- case(x,y) 用来表示参数，也就是将 key 映射到 x，将 value 映射到 y。你应该记得之前在讲解 List 时，x 代表了每次迭代时的元素。

```
myList.map (x = > f (x))
```

因此，在 Map 的每次迭代中，(x,y) 表示 key-value 对，可以通过 case(x,y) 的形式来使用它。

- 像之前那样，可以在=>的右边进行任何想要的转换。本例中，使用 x.toUpperCase 将 key 转换为大写，并保持 y 不变。

这看起来可能有点复杂，但如果多加练习，就能慢慢熟悉这种用法。在本例中还有另一种使用 map 函数的方法，在介绍完 Scala 的元组之后，我再来补充这一点。同样，也可以对 map 使用 filter 和 foreach 函数。

理解元组 ▶▶

目前已经讨论了 List 和 Map 集合。在这些集合中，元素应该有相同的数据类型。在创建一个 Map 时，其中的 key 是某种数据类型，value 是某种数据类型。如果尝试混合不同的数据类型，Scala 就会分配一个更高级的数据类型，如 Any，但这在某些场景下可能会导致产生歧义。

回想本章开始时提到的那些真实的集合示例，特别是与表格或数据库系统中的表的行有关的示例。在这些场景中，集合可能具有不同的数据类型。如像这样存储客户的详细信息：

```
id | name | phone number | location | isActive
1 | Irfan | 919191       | Pakistan | true
```

可以看到正在处理不同的数据类型。显然，以前讲过的集合种类在这里可能都不太合适。此时，就是元组发挥作用的时候了。在其他语言中也能找到元组的存在，如 Python。元组解决了我们的难题——元组可以存储不同类型的数据。

先从创建一个元组开始来了解这种集合类型。

```
scala> val aTuple = (1,"customer1","australia","prepaid",true)
aTuple: (Int, String, String, String, Boolean) = (1,customer1,
australia,prepaid,true)
```

本例中创建了一个元组，以下是详细的说明。

- 要想创建一个元组，只需使用一个用逗号分隔的值的 List，这些值需要用括号括起来以包含在元组集合中。

- 这个元组的类型是（Int, String, String, String, Boolean），对应着元组中的各个元素。在元组中使用了多种数据类型。

▶▶ 索引元组

创建集合时首先要访问元素。元组访问元素时与 List 和 Map 的访问方式有两点不同。首先，不用括号来索引元组的元素，而是使用了不同的语法。

```
aTuple._N
```

其中，N 表示了要访问的元素的位置。在元组中，索引是从 1 开始的。有人或许会觉得很疑惑，但 Scala 就是这么定义的。因此，要访问元组的第一个元素，要像下面这样操作：

```
aTuple._1
```

而不是：

```
aTuple._0
```

图 9-14 说明了上述内容。

因此，要访问刚刚创建的元组的第一个元素，应该使用：

```
scala > aTuple._1
res0: Int = 1
```

要访问第二个元素，应该使用：

```
scala > aTuple._2
res1: String = customer1
```

以此类推。

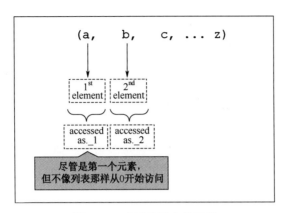

图9-14　索引元组中的元素

遍历元组

与 List 和其他集合（如 Map 集合）不同，元组没有 map 函数、foreach 函数和 filter 函数。

如何遍历一个元组呢？Scala 是通过 productIterator 来实现的。

在元组上使用 productIterator 时，它会返回一个 Iterable，这是 Scala 的一个 trait（特征）。不知道 trait 是什么也不用担心（它相当于 Java 中的接口）；在某种程度上，trait 类似于数据类型，它定义了某些特征，然后由子类型来进一步实现这些特征。目前，只需要将 Iterable 看作一种类似于 List 的集合即可。

如果使用了 productIterator，会得到一个 Iterable。可以将 Iterable 转换为 List，现在大多数人已经很熟悉 List 了，则接下来要做的是：

```scala
scala> aTuple.productIterator.toList.foreach(println)
1
customer1
australia
prepaid
true
```

下面详细解释这个代码片段。

- 当在一个元组上使用 `productIterator` 时，将获得 Iterable（可以通过调用 `aTuple.productIterator` 来验证）
- 通过 `toList` 方法将 Iterable 转换为 List。
- 一旦转换为一个 List，你就可以使用 List 支持的任何方法，如 foreach，来完成任何想要执行的操作。

使用 `toList` 方法可以将集合从一种类型转换为另一种类型。这里先记住这个方法，后面还会用到它。

要想获取元组的大小，可以使用 `productArity`。

```
scala> aTuple.productArity
res7: Int = 5
```

尝试使用并研究下元组中其他可用的函数或者属性，如 toString 等。

注意：如果使用的是 Scala2.10 或更早的版本，元组中的元素数量不能超过 22 个。不过在 Scala 之后的版本中取消了这个限制。

▶▶ 创建元组的另一种方法

Scala 还提供了一种创建元组的方法，如下所示。

```
scala> val twoElementTuple=Tuple2("irfan","elahi")
twoElementTuple: (String, String) = (irfan,elahi)
```

这里使用了 TupleN，在括号中传递了 N 个元素来创建一个大小为 N 的元组。选择使用哪种语法来创建元组完全取决于个人偏好。

理解可变集合 ▶▶

Scala 非常强调不可变性，我们也已经创建了很多不可变的变量，并且也一直在使用不可变的集合。但是，也有使用可变集合的情况。例如，想要一个可以不断添加元素的 List 用来接收来自用户的输入；或者想在 Map 上不断添加 key-value 对来更新一个文件中单词出现的频率，每个单词都是一个 key，value 则是这个 key 出现的次数。Scala 提供了解决这种问题的方案——可变集合。下面来看一些可变集合。

最常用的一种可变集合是 ListBuffer，可将其视为 List 的一种可变形式。

下面是几个使用 ListBuffer 的例子。

```
scala> import scala.collection.mutable.ListBuffer
import scala.collection.mutable.ListBuffer

scala> val aMutableList = ListBuffer(1,10,91,121)
aMutableList: scala.collection.mutable.ListBuffer[Int] =
ListBuffer(1, 10, 91, 121)

scala> aMutableList += 500
res29: aMutableList.type = ListBuffer(1, 10, 91, 121, 500)

scala> aMutableList
res30: scala.collection.mutable.ListBuffer[Int] = ListBuffer
(1, 10, 91, 121, 500)
```

下面解释下这段代码。

- 首先引入了 ListBuffer。

- 然后就像创建一个 List 那样创建了一个 ListBuffer。

- 创建完成后，为了利用其可变的特性，可以使用+=操作符来添加或插入元素。

也可以在指定位置更新一个元素。

```
scala> aMutableList(0) = -91

scala> aMutableList
res32: scala.collection.mutable.ListBuffer[Int] = ListBuffer
(-91, 10, 91, 121, 500)
```

从 ListBuffer 中删除元素，可以像下面这样操作。

```
scala> aMutableList -=500
res34: aMutableList.type = ListBuffer(-91, 10, 91, 121)
scala> aMutableList -= 10
res35: aMutableList.type = ListBuffer(-91, 91, 121)
scala> aMutableList
res36: scala.collection.mutable.ListBuffer[Int] =
ListBuffer(-91, 91, 121)
```

还可以对 ListBuffer 做很多事情，如使用 map 来遍历元素或者使用 filter 来过滤元素。试着使用下这些函数，它们与在 List 中使用时的作用很类似。

▶▶ 与可变集合有关的注意事项

对于可变集合，有两个重要的注意事项。

- 将可变集合（如 ListBuffer）初始化为 val 时，本应表示集合不可变，但是却能正常地操作它里面的元素。所以 val 在这里不起作用，可变集合中的元素依旧可以更改。
- 当试图修改一个 val 变量的值时，Scala 不允许这样做。在创建一个变量（用 val 或 var）时，实际上，它存储的是对变量值内存地址（又被称为指针）的引用（无论它是单个变量还是集合）。所以用 val 创建了被称作指针的内存引用时，即使创建的是一个可变集合，它仍然是不可变的。

再创建一个像下面这样的 ListBuffer。

```
scala> val secondMutableList = ListBuffer(818181, 912121)
secondMutableList: scala.collection.mutable.ListBuffer[Int] =
ListBuffer(818181, 912121)
```

尝试将其赋值。

```
aMutableList = secondMutableList
```

这样是无法成功赋值的，因为将一个不同的内存地址赋值给了一个通过 val 创建的变量。

然而，对 var 变量这样赋值就会成功执行，感兴趣的可以去试试。

练习：ListBuffer

- 尝试使用可变集合 ArrayBuffer，并掌握 ListBuffer 和 ArrayBuffer 之间的区别。

▶▶ 可变的 Map

就像 ListBuffer 和 ArrayBuffer 一样，Scala 也有可变版本的 Map，它们都具有以下相同的特征。

- 都可以添加/更新/删除可变 Map 的元素（即 key-value 对）。
- 如果使用 val，就不能改变对引用/指针的赋值。

下面来看看可变的 Map。

```scala
//首先要引入可变变量的类库，这里建议不要引入scala.collection.mutable.Map，因为
这会导致在程序中选择使用可变Map还是不可变Map时变得混淆不清。

scala> import collection.mutable
import scala.collection.mutable

// 创建可变Map和创建不可变Map的方式很相似：

scala> val mutableMap = mutable.Map("CEO" -> "John Doe", "CTO" -> "Tony
Stark", "Team Lead" -> "Dwayne Johnson")
mutableMap: scala.collection.mutable.Map[String,String] = Map(CTO ->
Tony Stark, Team Lead -> Dwayne Johnson, CEO -> John Doe)

//如果想更新一个key-value对，如修改某个key的值：
scala> mutableMap("CEO") = "John Cena"

//如果想在可变的Map中添加一个新的key-value对：
scala> mutableMap += "Developer" -> "Nate Silver"
res2: mutableMap.type = Map(CTO -> Tony Stark, Team Lead ->
```

Dwayne Johnson, CEO -> John Cena, Developer -> Nate Silver)

可变的 Map 可以轻松地执行上述这些操作。我建议再去研究下有关它的其他操作，如删除 key-value 对、遍历集合元素等，以加深对它的理解。

使用嵌套的集合

本章最后一个内容是嵌套 List，它非常重要，且被大量使用着。

前面已经创建过了整数 List 和字符串 List。因此，如果一直在顺序地学习，那么一定已经练习过 Person case 类 List 的这个示例。什么是 List 中的 List 呢？它是一个元素为 Map 的 List 吗？还是一个值为 List 的 Map？或者是一个元组的 List？其实很简单，因为集合就像 Int、String 或 case 类一样，它只是 Scala 中的一种对象。因此，尽管嵌套 List 的概念一开始可能会让人望而生畏，但如果从对象的角度来看待它，就会发现它只是一个带有 Scala 对象的 List，这样理解，这个概念就会变得清晰了。

和之前一样，从实践出发，首先创建一个 List，其中的每个元素本身也是一个 List。

```scala
scala> val nestedList = List(
    List("Australia","Pakistan","Malaysia"),
    List("Asia","Africa","Antarctica","Australia","Europe",
    "North America","South America"),
    List("Microsoft","Apple","Facebook","Twitter","Cisco",
    "Netflix","Uber")
    )
nestedList: List[List[String]] = List(List(Australia, Pakistan,
Malaysia), List(Asia, Africa, Antarctica, Australia, Europe,
North America, South America), List(Microsoft, Apple, Facebook,
Twitter, Cisco, Netflix, Uber))
```

在上面代码中完成了以下几件事情。

- 创建了一个 List，并将其赋值给一个名为 nestedList 的变量。
- 与前面的例子不同，现在每个元素都是一个 List。具体来说应该都是一个字符串 List。那么如何访问 List 中指定位置的元素呢？答案是通过索引。因此，按如下方式访问 List 中的第一个元素。

```
scala> nestedList(0)
res3: List[String] = List(Australia, Pakistan, Malaysia)
```

这样会得到第一个元素，它是在创建 List 时添加的一个 List 元素。现在，由于这个元素本身就是一个 List，所以可以进一步大胆地索引它。

```
scala> val firstElement = nestedList(0)
firstElement: List[String] = List(Australia, Pakistan,
Malaysia)

scala> firstElement(0)
res4: String = Australia
```

将 List 的第一个元素存储在变量中，所以这个变量的值也是一个 List，然后再访问它的第一个元素，得到 Australia（一个字符串）。

不用中间变量 firstElement，也可以达到同样的目的。

```
nestedList (0) (0)
```

其中，第一个 0 允许访问外部 List 或主 List 的第一个元素，第二个 0 则允许索引内部 List。

如果遵循这个原则，使用嵌套 List 并不困难。特别是在使用 Spark 时，会经常用到这种结构，再来看另一个例子。假设创建了一个元组 List，用来存储知名网站所有者的信息，如下所示。

```
scala> val nestedListOfTuples = List((1,"irfan","irfanelahi.com"),
(2,"nate silver","fivethirtyeight.com/"),(3,"Mark Zuckerberg",
"facebook.com"))
nestedListOfTuples: List[(Int, String, String)] = List((1,irfan,
irfanelahi.com), (2,nate silver,fivethirtyeight.com/), (3,Mark
Zuckerberg,facebook.com))
```

与之前不同的是，这是一个元组的 List，而前面的示例是 List 的 List。在这里，List 中的每个元素都是一个元组，每个元组由三个元素组成。

现在，遍历这个 List 并打印网站所有者的姓名，如下所示。

```
scala> nestedListOfTuples.foreach(x=>println(s"owner name is:
${x._2}"))
owner name is: irfan
owner name is: nate silver
owner name is: Mark Zuckerberg
```

在上面代码中完成了以下几件事情。

- 创建了一个元组 List。

- 使用 .foreach 方法，该方法允许在遍历 List 时，对每个元素执行一些操作。

- 在 foreach 函数体中，x 代表 List 中的每个元素，也就是元组。这就是使用 x._2 来访问元组的第二个元素的原因。因为在每次迭代中，x 将存储一个元组，因此就需要使用与元组有关的语法。

再怎么强调嵌套 List 概念的重要性也不为过，特别是在使用 Spark 时，通常会从 Hadoop 分布式文件系统中加载数据，并对其进行操作，如将数据转换为 List，然后再转换为元组，等等。所以花点精力来理解这个概念，对后面的学习一定会有帮助。

至此结束了本章的学习，这是本书内容较多的章节之一，因为本章的内容是 Spark 编程中许多概念的基础。

练　习

- 理解 Scala 中数组的含义，它与学过的其他集合有什么不同。
- 理解 Scala 中向量的概念，它与学过的其他集合有什么不同。

第十章
循　环

在我们生活中，有许多事情都有不同程度的迭代或重复。例如，书是有章节的，我们要从第一章开始一直读到最后一章；如果想把 1 到 100 的数相加，必须从 1 开始依次相加直到最后一个数；如果登录一个在线 web 应用程序，它可能会提示需要输入正确的用户名和密码，直到输入正确为止。类似这样的情景还有很多，其中的要点是，如果要用编程语言来对此类任务进行建模，就必须依赖一种特定的结构。

在学习 Scala 的过程中，已经使用过 Scala 各种类型的集合，还知道如何通过 map 或 foreach 函数来遍历一个像 List 这样的 Scala 集合。通过遍历一个集合，可以建立起许多真实世界中的事件模型。除了 map 和 foreach 这样的高阶函数，还有另一种方法可以遍历一个集合——通过循环表达式。如果希望多次执行某些语句，直到满足特定的条件（例如，直到用户正确地输入用户名和密码），就可以通过循环表达式来实现。

在使用 Apache Spark 时，通常不用循环的方式来处理分布在计算机集群上的数据，而是通过使用 Spark 的 API 来遍历和处理数据集。然而，在 Spark 以分布式的方式处理完大规模数据集之后，它通常会返回一个计算后的结果（如某个单词在大量文件中出现的次数），此时就可以使用循环来遍历这个计算结果，这就是循环在 Spark 中通常的使用情况。

Scala 中循环的类型 ▶▶

在 Scala 中，循环主要有两种类型：

- for 循环；

- while 循环。

下面分别来看看这两种类型的示例，以便进一步了解这个概念。

▶▶ for 循环

首先，来了解一下表达式的语法。for 循环是一种最简单的语法形式。它的代码是这样的：

```
for (counterVariable <- Collection) {
    Loop body
}
```

下面是一个具体的例子。

```
scala> val listOfNumbers = List(1,20,300,-12,121)
listOfNumbers: List[Int] = List(1, 20, 300, -12, 121)

scala> for (i<-listOfNumbers){
    println(i)
    }
1
20
300
-12
121
```

在上面这个代码示例中，要说明如下几点。

- 通过使用 for 关键字来使用 for 循环。
- 在()中，指定两个概念：一个用来保存迭代 List 中每个元素的变量；另一个是要遍历的集合。
- 明确在循环体中指定了要执行哪些语句。这个循环体被{}包围，可以在循环体中引用变量（如本例中的 i）来进行数据操作。

在前面的示例代码中，初始化了一个由五个整数值组成的 List，接下来用 for 循环来遍历这个 List。在 for 循环中，使用变量 i 来保存要迭代的 List 元素。Scala 将执行 5 次循环

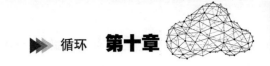

操作，在第一次迭代中，变量 i 将存储 List 中的第一个元素值 1，然后执行循环体（本例中的循环体是一个 println 语句）。一旦执行完循环体，下一个循环就会开始，然后变量 i 将存储 List 中的下一个元素值，即 20，循环往复，直到 List 的末尾。

如果想要指定与迭代相关的条件，例如，想要循环体在某些特定的迭代值上面执行，就可以通过 for 循环守卫来实现这一点，即在循环条件中添加以 if 开头的 Boolean 表达式。

下面的示例通过使用循环守卫来遍历 List 中的偶数元素。

```
scala> for (i<-listOfNumbers;if i%2==0){
    println(i)
}
20
300
-12
```

在上面的代码中，要说明以下两点。

- 在使用 i<-listOfNumbers 之后，在计数器变量 i 上设置了一个 if 表达式来指定条件。在本例中，使用%运算符来检查余数（如果变量 i 的值除以 2 得到的余数为 0，则该数为偶数）。

- for 循环将仅在循环守卫条件为真的迭代值上执行（在本例中仅对偶数执行）。

有了循环守卫，就可以使用逻辑运算符（如&或|）的组合来编写复杂的逻辑表达式以完成任务。

for 循环很适合用来循环一个 List。根据之前的案例已经知道了循环将执行特定的次数（N，可能是 List 的大小）。然而，在大多数情况下，事先并不知道一个循环将被执行多少次，执行次数将依赖于条件为真的情形。在这种情况下，可以使用 while 循环。

▶▶ while 循环

Scala 提供了另一种类型的循环，即使用 while 语句。在许多情况下，for 循环和 while 循环是可以互换的。

while 循环的语法为:

```
while(condition){
  body
}
```

下面是一个具体的例子。

```
scala> :paste
// Entering paste mode (ctrl-D to finish)
var i=0
while (i<listOfNumbers.length){
    println(i)
    i+=1
}
// Exiting paste mode, now interpreting.
0
1
2
3
4
i: Int = 5
```

现在详细分析这个代码示例。

- 在开始循环之前,将计数器变量 i 的值设置为 0,然后使用 while 循环。在 while 循环的()中,指定一个将会返回布尔值(真或假)的条件。如果条件为真,将执行循环体中的内容。在本例中,条件是检查变量 i 的值是否小于 List 的长度。

- 在循环体中,指定了 while 循环的逻辑,即这个循环应该做什么。在本例中,它将打印 List 中的每个元素。

- 指定了使循环结束的方式,即通过在每次迭代中递增变量 i 的值来实现。这一点是很重要的,因为如果不这样做,循环将会无限地运行下去。由于 while 循环将查看()中的条件,并仅在该条件变为 false 时结束循环,所以为了使其收敛到这种情况,需要在每次迭代中修改 i 的值。

比较 for 循环和 while 循环 ▶▶

很想知道在哪种情况下应该使用哪种循环类型，所以接下来就来讨论这个问题。在 while 循环中，需要在()中指定条件；在 for 循环中，需要在()中指定要遍历的 List（可以使用循环守卫进一步限定）。此外，在 while 循环的循环体中，必须处理迭代逻辑，如递增计数器变量；而 for 循环则不必专门处理。while 循环可以在条件为真时无限地运行下去，如程序反复提示用户输入正确的密码，直到输入正确为止。

下面的示例给出了如何使用 while 循环来实现上述校验密码的场景。

```
scala> :paste
// Entering paste mode (ctrl-D to finish)

var passwd=""
while(passwd != "correctpassword"){
  passwd=scala.io.StdIn.readLine
  println("Enter the correct password")
}

// Exiting paste mode, now interpreting.

Enter the correct password
Enter the correct password
Enter the correct password
passwd: String = correctpassword
```

下面解释这段代码。

- while 循环的每次迭代都将提示用户输入密码，并检查其是否等于 "correctpassword"。使用 scala.io.StdIn.readLine 来提示用户并获取输入。用户输入的内容将存储为一个字符串。

- 如果输入的值不等于"correctpassword"，即()中的条件为真，则循环将继续执行。

- 一旦()中的条件变为假，就将退出循环。

这里并不确定循环将运行多少次，因此 while 循环更适合这种场景。可以尝试用 for 循环来实现相同的逻辑，看看是否可行。

中断循环 ▶▶

如果想编写出能够在满足某个条件时跳出循环体的逻辑，则可以使用 Scala 的 Scala. util.control.BreakControl。这里有一个简单的例子可供参考。

```scala
scala> import util.control.Breaks._
scala> :paste
// Entering paste mode (ctrl-D to finish)
var i = 0
while (i<10){
    if (i==7) break
    println(i)
    i+=1
}
```

在本例中，需要使用 import 语句将所需的模块（在本例中为 break）导入程序中。按照与以前的示例相同的逻辑，指定了一个用作计数器的变量 i。在 while 循环体中，指定了一个 i==7 的条件，当其为真时，将执行一个 break 语句，该语句的作用是跳出循环体，也就是说，当循环体遇到一个 break 语句时，循环将停止。

因此，在执行这个程序时，循环在 i 的值一直递增到 6 时都将正常运行。当 i 变成 7 时，break 条件为真，循环将中断执行，程序则继续执行 while 循环之后的语句。

下面是这段代码片段的输出结果。

```
0
1
2
3
4
5
```

```
6
scala.util.control.BreakControl
```

正如输出结果所示，Scala REPL 打印出了 `scala.util.control.BreakControl`，表示 break 语句已经在循环中执行了。

本章介绍了另一种常用并强大的编程结构——循环。它能够基于特定的逻辑重复地执行表达式。读者应该多加练习，以加深对循环的理解。

练　习

- 加载一个文本文件，查看某个指定的单词在其中出现了多少次。分别尝试使用 for 循环和 while 循环来实现。
- 尝试在函数中使用循环（如输出 0 到 200 的奇数），并在 main 函数中调用该函数。
- 尝试将 for 或 while 循环赋值给一个变量并分析这样做时会发生什么。
- 试想应该怎么在 for 之后的()中使用两个变量。
- 尝试使用嵌套的 for 循环。
- 尝试使用 for 和 while 循环来实现排序算法（如冒泡排序、归并排序）。

▶▶▶ 第十一章
类 和 包

我们生活在一个由不同对象组成的世界里。看看周围，可能发现一些东西，如椅子、桌子、笔记本电脑、电视等。当我们停下手中的编程，然后观察，会发现这些东西基本上都会有两个主要组成部分：

- 每个对象都有一些属性，如电视机的尺寸（长度、宽度和高度）、颜色、屏幕类型等。

- 每个物体都可以执行某些功能，如电视机可以执行打开、关闭、增加/减少音量、改变频道等操作。

对象之间也相互作用。例如，遥控器是一个对象，它与电视机对象相互作用。

另一个方面是固有的对象层次结构。例如，动物▶哺乳动物▶人类、狗等。动物被认为是生物体的一个祖先类别；哺乳动物是其中的一个亚型；人类和狗是哺乳动物的进一步亚型。

哺乳动物的许多特征是由他们的亚型遗传的。

有趣的是，在编程世界中，在面向对象编程（OOP）的上下文中，可以使用相同的原则来构建应用程序。在 OOP 中，使用类标识应用程序中的对象，并在该类中定义它们的属性、函数和与它们的交互。OOP 涉及的内容太多了，本书不打算详细介绍 OOP。本章的主要目的是介绍类和对象的一些基础知识，包括它们是如何打包的，以及如何在程序中使用这些包。

在进行大数据开发时，特别是在 Apache Spark 中，将使用大量的包来满足需求。例如，如果想在 Scala 中进行 Apache Spark 开发，那么可以使用 Apache Spark 包和类的功能来执行大数据分析。即使使用 Scala 进行通用编程，仍然会使用包。试图实现或构建的内容很有可能已经由别人构建并在 Scala 中使用。因此，可以使用现有的包，而不是重新开发。这就是为什么理解如何使用包很重要。

当使用 Scala 开发可执行应用程序以及使用 Apache Spark API 开发大数据分析时，可以在其中构造程序，使一个类成为执行的入口点。在这些情况下，拥有类和对象的基本知识总是很有帮助的。不要害怕！一开始，面向对象编程的概念可能会让人望而生畏，但随着对本章内容的深入学习，会发现它非常简单——就像在本书中学习过（并希望实践过）的许多其他 Scala 构造一样简单。

Scala 中的类和对象 ▶▶

什么是类？到目前为止只介绍了对象，并讨论了对象具有的属性，以及它们可以执行的某些功能。如把电视机想象成一个物体。假设有一台特定品牌的电视机，如三星（Samsung），这个电视模型是根据一些图纸或设计文件建立起来的。在三星的工厂里，机器和工程师们严格遵循这些图纸和设计文件，批量生产实体电视机，而现在，你家里正好有一个这样的模型。

现在讨论两件事。

- 详细说明对象外观的概念规范，如可以是图纸、设计文档、地图或布局。
- 这个概念的具体和有形的表现，如房子、电视机或手机。

在面向对象编程的世界，我们将第一个概念称为类，第二个概念称为对象。

类在理论/概念/逻辑层次上表示对象所包含的内容。类不是具体地或物理地存在的，而对象是由类创建的。（当然，事实并不总是如此，因为在 Scala 中有一个称为 singleton 对象的构造并不遵循这一规则，将在后面的章节中讨论这个概念。）对象拥有类中定义的所有属性和函数，并且在编程语言中使用它们时，它们是被初始化和分配内存的实体。

类和对象的概念如图 11-1 所示。

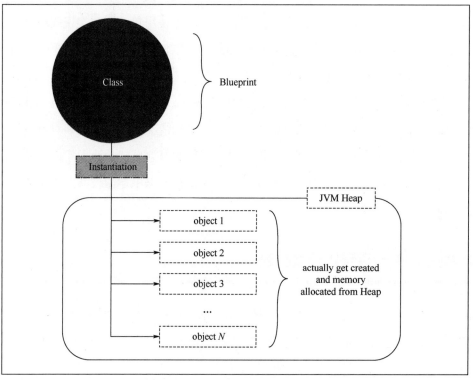

图 11-1　类和对象的概念

创建 Scala 的类和对象 ▶▶

本章不会深入介绍 OOP 的细节，但会分享一些如何在 Scala 中创建类和对象的实例。在 Scala 中，要创建一个类，需要使用 class 关键字，然后指定一个类名，如下所示。

```
class Television {
    //class body
}
```

使用 class 关键字，其后是类名，然后是一组包含类主体的大括号。按照命名约定，类名总是以大写字母开头的。到目前为止，已经创建了 Television 类，但它是空的。它没有属性或函数。从某种意义上说，它是无用的。现在要让它变得有用。

给这个类添加一些细节。类包含什么？如前所述，在一个非常基本的层次上，它包含属性和函数。

```
scala> :paste
// Entering paste mode (ctrl-D to finish)

class Television(val brand:String, val screenSize:Int, val
screenStatus:Boolean) {
def turnOn = println("Turning on")
def turnOff = println("Turning off") }
// Exiting paste mode, now interpreting.
defined class Television
```

下面解释这段代码。

- 定义一个 Television 类。

- Television 类有三个属性（brand、screenSize 和 screenStatus），表示关闭。可以将这些看作是该类的属性或特征（很快就会成为对象）。这个类还可以有许多其他属性，为了简单起见，在这个例子中只使用三个属性。

- Television 类有两种功能（打开和关闭）。这两个函数在本例中执行一个操作；它们只是在屏幕上打印一条消息。如果愿意，可以试着操作 screenStatus 属性。

图 11-2 突出显示了组成类的元素。

```
class <className>{

    fields (properties)
    methods (behaviours)

}
```

图 11-2　类的元素

如何使用已定义的类？通常是创建它的对象。在 Scala 中，用一个类来定义一个对象可以使用 new 关键字。

```
val samsungOled = new Television("Samsung",42,false)
```

下面解释这段代码。

- 从 Television 类中创建了一个名为 samsungOled 的对象。可以使用 new 关键字，然后是类名。
- 在使用 new 关键字后跟类名时，还在括号中传递了一些参数。这些参数根据类的定义属性存储。当从 Television 类创建对象时，属性将使用这些参数初始化。在对象实例化之后，属性值看起来是这样的：
  - ◆ brand=Samsung
  - ◆ screenSize=42
  - ◆ screenStatus=false

创建该对象后就可以访问其属性了。在原始类中定义的所有属性和函数都将在实例化的对象中可用。

属性访问对象的元素 .(dot)算子如下。

```
scala> samsungOled.brand
res0: String = Samsung

scala> samsungOled.screenSize
res1: Int = 42
```

还可以访问最初在 Television 类中定义的函数。

```
scala> samsungOled.turnOn
Turning on

scala> samsungOled.turnOff
Turning off
```

是否有人记得之前用过 . 操作符，如在列表上使用 **map**、**filter** 和 **foreach** 函数时，集合的 .length 属性、字符串的 .split 函数等。

在 Apache Spark 开发中，我们将更多地使用这个构造。当把 Apache Spark 用于在分布式环境中执行许多很酷的事情时，发现程序将初始化 SparkContext 对象，就像使用 new 关键字初始化 Television 对象一样。然后使用一些函数对 SparkContext 对象执行许多操作，如从 Hadoop 分布式文件系统（HDFS）加载数据，创建累加器和广播变量，还有很多其他很酷的东西。你要好好理解这个概念，并且可以通过 . 操作符非常方便地访问。

▶▶ 多属性值和注意事项

尽管与当前的内容不太相关，但我认为理解这个主题将对学习有所帮助，特别是最终创建自己的类时。目前已经定义了一个类及其元素，可创建该类的对象和访问这些元素（如属性和功能）。

如何更新对象的属性值？创建对象时，需要指定其属性的值。无论出于哪种原因更改属性的值，都可以像下面这样做，但是有一些注意事项。现在来看一下。

- 创建 Television 类时，用 val 关键字定义它的属性。val 关键字意味着不变性，无论何时创建具有 val 属性的类，都不能更新属性的值。可以试着这样做。

```
scala> samsungOled.screenSize=48
<console>:12: error: reassignment to val
samsungOled.screenSize=48
         ^
```

这样会得到重新赋值给 val 的错误。可以对其他属性进行尝试。那么，应该怎么做呢？在为 Scala 类指定属性时，通常有三个选项：

- 使用 val 关键字；
- 使用 var 关键字；
- 不使用 val 或 var 关键字。

每种选项都有其局限性，现在一个一个地学习。

▶▶ 对类属性使用 val 关键字

在使用 val 关键字时，只能在创建对象时初始化属性的值，不能更改、变化或更新。在 OOP 术语中，属性只能获得 "getter"，而不能获得 "setter"。在其他语言的 OOP 设计中，为了更新或访问属性的值，通常在类中编写一些函数，就像为 Television 类编写的函数（turnOn 和 turnOff）一样。用于访问属性值的函数被称为 getter，用于设置/更新属性值

的函数被称为 setter。

在很多情况下，不需要担心 getter 和 setter，因为 Scala 会自动为类创建它们。特别是要使用 val 关键字指定属性时，会发现无法更新属性的值。换句话说，我们不需要为这些属性设置 setter，只能访问它们。

对类属性使用 var 关键字 ▶▶

如果对类属性使用 var 关键字，则可以在任何需要的时候设置（或更新）和获取（或读取）属性的值。与 val 关键字不同，即使在对象创建开始时初始化了属性的值，也可以在任何时候更改它们。

从 getter /setter 的角度来看，可以在这样的类中同时使用它们。下面是一个创建同样类的示例，使用 var 关键字并更新一个属性的值。

```
scala> var lgPlasma=new Television("LG",32,true)
lgPlasma: Television = Television@be694c0

scala> lgPlasma.brand
res13: String = LG

scala> lgPlasma.screenSize
res14: Int = 32

scala> lgPlasma.screenSize=42
lgPlasma.screenSize: Int = 42

scala> lgPlasma.screenSize
res15: Int = 42
```

不仅能够访问属性，而且还能够更改值。

▶▶ 对类属性既不使用 val 也不使用 var 关键字

除以上两种方法，还可以选择不使用这些关键字。使用此选项时，既不能访问也不能更新属性。换句话说，在这种类中不使用 getter 和 setter。

尝试创建没有 val 或 var 关键字的 Television 类，看看是否能够获取/设置其中的任何属性。

使用或不使用 val 和 var 的形式在图 11-3 中以结构化的方式突出显示。

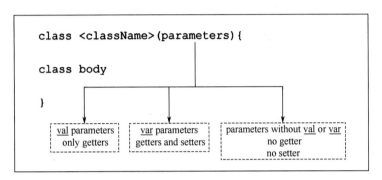

图 11-3　使用或不使用 val/var 关键字定义类的参数

▶▶ 单例对象

现在学习过的对象是从类创建的。可以使用 new 关键字实例化一个对象。对象是实际具体化的有形实体，而类表示的是一个概念。但请注意，现在事情发生变化了。

Scala 提供了另一种结构，称为单例对象。这种构造的特点是从对象本身而不是从类创建的。如果想使用这样的对象，不需要显式地创建一个类并从创建的类实例化这样的对象，而是可以直接使用这些对象。用其他方式解释，即不需要使用 new 关键字创建它们。

虽然对于极客来说，Scala 在底层确实创建了一个类，并且这里有一个伴生对象的概念，但是不要把事情复杂化。

单例对象具有与类相同的所有特征，主要包括以下内容。

* 它们有属性和函数。
* 可以通过 . 操作符访问它们。

尝试用 Scala 创建一个单例对象。

```
scala> :paste
// Entering paste mode (ctrl-D to finish)
```

```
object DatabaseUtils{
val databaseName:String = "sample_db"
val tableName:String = "sample_table"
def establishConnection = println(s"Establishing connection to
${databaseName}")
def closeConnection = println(s"Closing connection to ${databaseName}")
}
// Exiting paste mode, now interpreting.
defined object DatabaseUtils
```

下面解释这段代码。

- 创建了一个名为 DatabaseUtils 的对象。注意，此处使用的是 object 关键字，
  而不是 class 关键字。
- 创建了该对象的属性（databaseName 和 tableName）。
- 在此对象中创建了函数（establishConnection 和 closeConnection）。

这与之前在 Scala 中创建类的过程非常相似。

如果想使用这个对象，还可以这样做：

```
scala> DatabaseUtils.
closeConnection   databaseName   establishConnection   tableName

scala> DatabaseUtils.databaseName
res16: String = sample_db

scala> DatabaseUtils.establishConnection
Establishing connection to sample_db
```

在这个代码片段中可以看到：

- 创建对象具有的所有属性和函数。在 Scala REPL 中，可以在对象名称后输入.使用
  Tab 来检索它们。
- 可以使用属性和函数名，而不用像以前那样显式地使用 new 关键字实例化或创建
  对象。

以下是一些附加提议。

- 无论何时使用这个对象，对象总是具有相同的属性值（sample_db 用于 databaseName，sample_table 用于 tableName）。
- 不能像对类那样将属性作为参数传递。（提示：可以在一定程度上使用 apply 函数来实现这一点，但本书没有介绍它。）

所以还存在的一个问题是，什么时候在 Scala 中使用这个单例对象？

- 如果想让 Scala 程序可执行，则需要创建一个单例对象，并用一个特定的签名定义主函数。然后应用程序就可以执行了。
- 通常使用单例对象将不需要子对象的实用函数组合在一起。前面的代码片段中显示了一个示例，其中我们创建了一个实用程序对象来包含与数据库相关的函数。

Case 类 ▶▶

与 Scala 开发人员交谈，问他们最喜欢 Scala 的什么功能，他们可能会提到 Case 类。Case 类在 Scala 和 Apache Spark 编程中被广泛使用。下面就开始研究这个内容。

使用已知的类知识。当在 Scala 中定义一个类并从中创建对象时，会发现这样的类包含许多没有指定的方法，如图 11-4 所示。

```
scala> class Employee(name:String, designation:String, salary:Int)
defined class Employee

scala> val e1 = new Employee("mark","ceo",10000)
e1: Employee = Employee@44e35f

scala> e1.
!=        +         ==                    ensuring     equals      getClass     isInstanceOf    notify       synchronized    wait
##        ->        asInstanceOf    eq              formatted   hashCode     ne                   notifyAll    toString          ?
```

图 11-4　在类中定义一个方法

图中创建了一个 Employee 类，并创建了它的一个对象，然后尝试在 Scala REPL 中使用.和 Tab 访问其元素。这里有一系列方法，如 equals、getClass 和 toString 等。但这里只创建了一个空类。这些方法到底是怎么出现的呢？

引用 OOP 类似于现实世界的概念，即在 OOP 中会有层次结构，类可以是另一个类型的子类型或子类。换句话说，父类和子类的概念存在于 Scala 中，是通过 OOP 的继承原则

实现的。顺便说一下，OOP 由继承、封装和多态性等原则组成。因为本书不会深入讲解 OOP 的知识，所以仅需了解这些概念。

因此，当创建一个类时，它继承了主类 java.lang.Object，实际上包含了主类的所有函数，它们成为初始化的每个类的一部分。

另一个 OOP 概念——可以根据需求重写许多这样的函数，如 toString 和 equals。这就是 Case 类的优势所在。现在来了解它们。

▶▶ Case 类实践

Case 类是什么？它是 Scala 中的类，提供了样板操作（意味着已经成为常用代码）。现在仔细研究这个概念。

当使用 Case 类时，会发现它们的许多函数（如 toString 和 equals）的行为与 Scala 中的简单类有很大的不同。这些类的行为被修改是为了在大数据分析中使用它们。这个内容随后会明确讲解。

使用 Case 类时，不需要初始化对象的 new 关键词，这类似于单例对象的工作方式。

考虑下面的例子：

```
scala> case class EmployeeCaseClass(val designation:String,
val company:String)
```

这就是定义 Case 类的方法。通过使用 case class 关键字，随后是类名，最后定义参数。如果需要，也可以在 Case 类的主体中定义方法。

另外，当从 Case 类中创建单独的对象时，不需要使用 new 关键字初始化。还记得在之前描述单例对象时使用的伴生类术语吗？就是因为这个。在这个阶段，知道这个概念就足够了。

在 Apache Spark 中，Case 类被广泛使用。例如，在 Apache Spark 中有两种（主要）数据结构：RDD 和 dataframe。RDD 就像 Scala 集合（具有许多类似不可变和分布式的特征），而 dataframe 就像表格或电子表格。如果希望将数据从 RDD 转换为 dataframe（当使用 Apache Spark 进行分布式计算时，RDD 和 dataframe 是两个可用的数据结构），会大量使用 Case 类。

将在后面讨论这些概念。这个操作在 Apache Spark 中使用非常广泛。对 Case 类有初步的理解，这与使用 Scala 进行大数据分析的目标是一致的。

参考前面提到的修改 Case 类方法的许多行为的概念，进一步深入研究这个概念。

▶▶ 类中的相等性检查

假设想比较两个类（或者更具体地说，是这些类的对象），以确定它们是否相等，一种方法是检查对象的各个字段。这就是创建简单类（不是 Case 类）时通常要做的事情。

这是 Java 等其他语言的规范。考虑下面的例子。

```
scala> class Employee(val designation:String, val
company:String)
defined class Employee

scala> val e1=new Employee("engineer","facebook")
e1: Employee = Employee@a5cb99

scala> val e2=new Employee("engineer","facebook")
e2: Employee = Employee@6d58cd
```

在这个代码片段中：

- 创建了一个名为 Employee 的类。
- 创建了这个类的两个对象（e1 和 e2）。

这两个对象的属性值相同——e1 和 e2 中的职称都是"engineer"，公司都是("facebook")。但是如果比较这两个对象的相等性：

```
scala> e1.equals(e2)
res0: Boolean = false
```

注意得到的结果是 lse。从属性值的角度来看，这两个对象是相同的。但是在使用 equals 方法时，它不是检查属性值，而是检查对象引用的内存地址（特别是堆内存中的起始地址位置）。当每个对象存在于不同的内存位置时，它将返回为 false。

在大数据分析中会做很多计算，其中很多与相等性检查有关。因此，如果正在大规模

地执行分析并创建自己的类型（通过 Case 类），并且想要对它们进行比较，那么 Case 类就
派上用场了。

相同的例子，用 Case 类实现，结果如下。

```
scala> case class EmployeeCaseClass(val designation:String,
val company:String)
defined class EmployeeCaseClass

scala> val ec1=EmployeeCaseClass("engineer","facebook")
ec1: EmployeeCaseClass = EmployeeCaseClass(engineer,facebook)

scala> val ec2=EmployeeCaseClass("engineer","facebook")
ec2: EmployeeCaseClass = EmployeeCaseClass(engineer,facebook)
```

在这个代码片段中：

- 创建了一个类（EmployeeCaseClass）并定义其参数。
- 创建了这个类的两个对象（ec1 和 ec2）。再次注意，在这里没有使用 new 关键字，
  就像在简单类中所做的那样。

现在检查这些对象的相等性，以验证 Case 类是否符合预期。

```
scala> ec1.equals(ec2)
res1: Boolean = true
```

不出所料，这次是 true。因此，比较 Case 类（或它们的对象）时，它不会比较它们的
内存地址。相反，它比较单个属性，这在许多情况下非常方便。

Case 类和简单类之间的另一个区别体现在两个类调用 toString 方法上的不同。

```
scala> e1.toString
res2: String = Employee@a5cb99
scala> ec1.toString
res3: String = EmployeeCaseClass(engineer,facebook)
```

正如从这段代码中得到的，如果在一个简单类上调用 toString 方法，它不会返回任
何直观的结果。而在 Case 类中，你可以根据返回值确定哪些属性值被用于其初始化。

同时使用 Case 类和集合

在讨论类的其他内容之前，想强调一下如何使用集合用例类。

在第九章中，创建了不同本机类型的集合，如 Integer、String 等的集合。创建一个 Case 类会怎么样？

例如，如果想创建一个集合来保存关于 Employee 类的数据，应该如何做呢？

首先，创建一个包含这些数据的集合。

```scala
scala> val employees = List("engineer,facebook","manager,
facebook","associate,facebook")
employeeData: List[String] = List(engineer,facebook, manager,facebook,
associate,facebook)
```

再创建一个 Case 类来保存员工数据。

```scala
scala> case class EmployeeData(designation:String,
company:String)
defined class EmployeeData
```

现在把集合的知识付诸实践，迭代字符串列表来创建 Case 类的列表。

```scala
scala> val employeeList = employees.map(x=>x.split(",")).map
(x =>EmployeeData(x(0),x(1)))
employeeList: List[EmployeeData] = List(EmployeeData(engineer,
facebook), EmployeeData(manager,facebook), EmployeeData
(associate,facebook))
```

代码中，employeeList 是一个对象列表，其中每个对象都是 Case 类，这将变得非常方便。例如，如果索引这个列表的第一个元素，会得到一个 Case 类的对象。

```scala
scala> employeeList(0)
res0: EmployeeData = EmployeeData(engineer,facebook)
```

还可以使用它来进一步访问某个属性。

```scala
scala> employeeList(0).designation res1: String = engineer
```

如果想获得（或打印）员工的职称，则可以使用以下方式。

```
scala> employeeList.map(x=>x.designation)
res2: List[String] = List(engineer, manager, associate)
```

正如结果显示，将 Case 类与列表结合使用时，可以执行许多功能强大的数据操作。此外，在 Apache Spark 编程中，这个概念经常被使用。

类和包 ▶▶

现在已经学习了类，包括如何创建它们并通过对象使用它们。如前所述，OOP 的原理与实际对象相关，在实际对象中有很多层次结构的概念。而在 OOP 中，也存在这样的概念——一个类可以作为另一个的子类。程序员使用这种能力来优化程序结构，这也促进了可重用性。

然而，类中的层次结构还有另一个方面。当使用或创建类时，会发现类被分组到称为包的概念中。包是 Scala 中用于包含类的特殊实体。通常，包名具有与组织域名相关的内在层次结构。例如，如果使用 Apache Spark 包，它的结构是 `org.apache.spark`；如果使用 Microsoft SQL Server JDBC 驱动程序，则使用 `com.microsoft`；如果想使用 Cloudera 的 Impala 驱动程序，则可以使用 `com.cloudera`。包名通常是公司域名的逆序（例如，包名：`com.microsoft` 和域名：`microsoft.com`）。

▶▶ 避免命名空间冲突

具有各种优势的软件包可以帮助开发人员避免命名空间冲突。例如，使用 Scala REPL 时，可以访问那里的数组集合（特别是 `scala.Array`）。现在，如果使用 JDBC 来编写程序与数据库连接和交互，将使用 `java.sql`。在这个包中，也有一个数组类，叫作 `java.sql.Array`。因为两个数组类都是不同包的一部分——其中一个属于 `scala.Array`，另一个属于 `java.sql.Array`——如果在程序中正确导入它们，就可以避免命名空间冲突。这意味着在程序中引用数组时，Scala 会知道是否引用了 `scala.Array` 或

java.sql.Array。

　　仔细思考会发现，在这本书中已经使用了包和它们各自的类。在使用可变和不可变集合时，特别是以可变和不可变映射的形式时，都使用了一个特定的包。

　　在定义类或单例对象时，不能对包本身进行初始化。相反，在后面的章节中编写类时，会发现主要是在程序开始时定义这个类所属的包。这样类就成为包的一部分，可以在程序的其他部分重用该类。

▶▶ 引入包

　　在编写 Scala 程序时，必须依赖于许多自己创建或他人开发的包。在编写程序时，这些包不会自动加载到命名空间。如果想要访问一个特定的包或包中的一个特定的类，除非做了一些什么，否则无法做到这一点。例如，如果想在程序中读取本地文件系统中的文件，Scala 为此提供了 fromFile 函数，而这个函数属于 scala.io.Source 类。

　　如果想在程序中立即使用 Source.fromFile，则无法做到这一点，因为这个类没有加载到 JVM 环境（或者加载到了 Scala REPL 中）。从技术上讲，这个类不在 JVM 的默认类路径上。可能有人会问，什么是类路径？它是专属于 Java 的术语，指的是本地系统中的路径，在试图使用类时，Java 在其中查找这些类。

　　如果尝试在 Scala REPL 中使用 Source.fromFile 函数但没有正确导入它，会发生以下情况：

```
scala> val fileData=Source.fromFile("C:\\path_to\\sample_file.txt")
<console>:14: error: not found: value Source
    val fileData=Source.fromFile("C:\\path_to\\sample_file.txt")
```

　　这里将得到一个错误，Scala 找不到源代码，这意味着这个特定的对象虽然存在，但在这个环境中是不可访问的。

　　应该如何处理这些错误呢？这里有两种选择。

· 指定类的全名，包括所属的包，若希望在任何时候都可以使用：

```
scala> val fileData = scala.io.Source.fromFile
("valid path to a file")
```

```
fileData: scala.io.BufferedSource = non-empty iterator
```

如果这样做，将不得不一遍又一遍地键入全名，这可能会导致拼写错误，增加了代码不必要的冗长。

- 可以在环境中选择导入这个类并立即使用它，而不需要指定全名。

```
scala> import scala.io.Source
import scala.io.Source

scala> val fileData=Source.fromFile("valid path to a file")
fileData: scala.io.BufferedSource = non-empty iterator
```

这里有几点意见。

- 使用 import 关键字导入了所需的类（scala.io.Source）。
- 导入后，使用时不再使用类的全名（仅使用 Source.fromFile()，而不要使用 scala.io.Source.fromFile()）。

甚至可以这样做。

```
scala> import scala.io.Source._
import scala.io.Source._
scala> val fileData = fromFile("valid path to a file")
fileData: scala.io.BufferedSource = non-empty iterator
```

在这一段代码中注意以下几点。

- 使用 import 命令并导入了 scala.io.Source._。导入 scala.io.Source._ 是什么意思？它意味着导入 scala.io.Source 所有内容。因为 fromFile 是这个类的一部分，所以可以在程序中直接使用这个函数，甚至不需要指定 Source.fromFile，就像之前做的那样。
- 如果使用 Java 语言，那么导入 scala.io.Source._ 相当于导入 scala.io.Source.*。

有几个与 import 语句相关的注意事项需要解释。

- 正如之前看到的，如果使用 ._ 符号，将导入类或包中的所有实体。这些实体可以是包中的类，也可以是类中的函数（或字段）。使用这种符号通常认为是不好的，因为它会导致导入程序中的所有实体（如类、函数等），甚至是那些可能不会用到的实体。这样做也可能会导致名称空间冲突。

- 使用 import 语句导入单个类。就像以前导入 scala.io.Source 时所做的那样。
- 使用 import 语句在包中导入多个单独的类/对象。因此，在 import 语句中可以使用括号{}。

```scala
scala> import scala.io.{Source,StdIn}
import scala.io.{Source, StdIn}
```

- 导入时，可以为类指定一个标签。这将变得非常方便，以避免命名空间碰撞。如前所述，在使用 Scala REPL 时，数组类会自动加载。如果想使用 java.sql.Array 类和导入，则可以使用这个命令：

```
import java.sql.Array
```

如果使用 Array，则倾向于使用 java.sql.Array 而不是 scala.array（默认情况下，Scala 在 Scala REPL 中导入）。这里有一个例子：

```scala
scala> import java.sql.Array
import java.sql.Array

scala> val numberArray = Array(1,10,-100)
<console>:18: error: class java.sql.Array is not a value
        val numberArray = Array(1,10,-100)
```

为了避免这种情况，可以导入 java.sql.Array，并为其分配一个不同的标签。因此，可以在程序中同时使用 scala.Array 和 java.sql.Array，它们没有任何冲突。

```scala
scala> import java.sql.{Array=>SqlArray}
import java.sql.{Array=>SqlArray}
scala> val numberArray = Array(1,10,-100)
numberArray: Array[Int] = Array(1, 10, -100)
```

在这个代码示例中，当使用数组时，Scala 解释器立即知道引用的数组类型，因为专门创建了 java.sql.Array 的别名，如 SqlArray。因此，在代码中使用数组时，它不会与 java.sql.Array 冲突，它创建了一个正确类型的数组（scala. Array）。

本章内容到此结束。理解如何从程序包中导入所需的类是很重要的，可以避免命名空间冲突，并改善代码的冗长性和可读性。

练 习

- 尝试导入 Scala 中的 Java 库，如 Java 的日期库，并尝试在程序中使用它们。

- 如果使用的是 Linux，尝试在 Scala 程序中执行 shell 脚本。导入一个特定的包来完成此操作。

- 研究 maven 存储库。它是什么？它包含什么？Scala 和 Java 程序员如何使用它？

- 尝试创建两个类——Television 和 PowerSupply 来表示带有电源组件的电视机。尝试创建一个 Television 类，其中一个属性是 PowerSupply，能做到吗？同样，搜索"面向对象编程中的组合"。

- 研究库上下文中的依赖关系。例如，如果程序打算使用一个不能开箱即用的特定库，能做些什么呢？尝试使用 spray-json 库，它非常适合解析 JSON 文件并在 Scala 中转换为 Case 类。但不能直接导入它，试着弄清楚如何导入它。

第十二章
异 常 处 理

生活是不可预测的，这是老生常谈的事。任何时刻，意外都可能发生，为了在生活的惊喜中生存下来，做好充分的准备很重要。

在某种程度上，哲学的道理同样也适用于计算机程序。在运行或编译时，可能会发生意外问题。它们可能是由许多原因造成的，例如：

- 程序期望一个特定的输入，而提供的输入是一种不同的格式。
- 程序依赖于外部系统，如可用的数据库，在程序想要与之交互时，该系统处于宕机或不稳定状态。
- 程序试图访问一个之前没有定义的对象（如访问一个大于集合长度的集合的索引）。

这些场景可能会有所不同。当这些问题出现时，有两种选择：

- 不处理它们。让计划依赖于"理想的条件"，并假定一切都是有利的。
- 当异常出现时，处理异常并采取相应的行动。

优秀的程序员会选择第二种。如果刚开始学 Scala，也应该从这个角度来进行思考。具体来说，由于使用大量依赖于分布式系统和流程及外部系统的大数据技术，在一定程度上增加了异常的概率。因此，如果正在使用 Scala，精通异常处理是很有意义的，这样程序就不会崩溃，也不会带来麻烦。

Scala 异常处理的基础 ▶▶

在 Scala 中，如果怀疑某个特定表达式将导致异常，则必须使用并编写特定的 Scala 编

程语言构造来处理这些异常。

图 12-1 为编程中异常处理的总体机制。

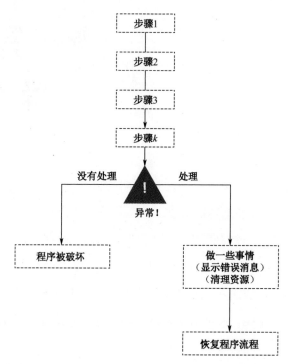

图 12-1　在编程语言和 Scala 中异常处理的总体机制

在 Scala 中处理异常最直接的方法是使用 try-catch 块。格式是这样的：

```
try {
    //产生异常的表达式
} catch {
    //处理异常的逻辑
}
```

try-catch 块结构并不是 Scala 独有的，它在其他语言中也可以使用（当然有一些变化）。

然而，作为 Java 的超集，Scala 本身就是一种令人惊叹的语言，它提供了更强大的结构来优化地处理异常。还记得模式匹配吗？回想一下在第六章中学习的构造，它允许复制其他语言中使用的 switch 语句，并允许以一种干净而强大的方式实现多个嵌套条件。在这里，使用类似的概念进行异常处理。

来看一个基本的例子。

```scala
scala> val aList = (1 to 20).toList
aList: List[Int] = List(1, 2, 3, 4, 5, 6, 7, 8, 9, 10, 11, 12, 13, 14, 15, 16, 17, 18, 19, 20)
```

这里定义了一个包含 20 个元素的列表。如果尝试访问这个列表的第 22 个元素会发生什么？答案是异常！

```scala
scala> aList(22)
java.lang.IndexOutOfBoundsException: 22
  at scala.collection.LinearSeqOptimized.
apply(LinearSeqOptimized.scala:63)
  at scala.collection.LinearSeqOptimized.
apply$(LinearSeqOptimized.scala:61)
  at scala.collection.immutable.List.apply(List.scala:86)
  ... 28 elided
```

当试图访问超出范围的集合索引（如超过集合长度）时，在这里会得到一个特定类型的异常，被称为 Exception。这个名字本身是相当直观的，当运行这个程序时，程序的执行将被中断，并且将在 stdout 上得到这个难以分析的堆栈跟踪。实际上，这不是一种很好的通知异常的方式，肯定有更好的办法。

表达式 aList（22）容易受到异常的影响，因此，引起这个异常的语句应该封装在一个 try 块中。在附带的 catch 块中捕获可能产生的异常，那样可以使用一系列 case 语句来指定如何处理异常，像这样的：

```scala
scala> :paste
// Entering paste mode (ctrl-D to finish)
try{
  aList(22)
} catch {
case _: Throwable => "exception"
}
// Exiting paste mode, now interpreting. res10: Any = exception
```

下面解释这段代码。

- 使用 REPL 的粘贴模式，这样就可以一次执行一个表达式块。

- 使用 try 关键字，然后用括号{}定义了一个代码块。

- 在 try 代码块中，指定了想要执行的表达式，并指出了生成异常的常见疑点。

- 编写一个 catch 块。Try 代码块总是伴随着 catch 代码块。

- 在 catch 块中，可以以类似于在模式匹配场景中使用它们的方式指定 case 语句。在这个例子中，只用了一种 case。

- 在 case 语句中使用了_。还记得它的作用吗？在 case 之后，可以指定一个临时变量，然后可以在 case 块中使用它。而这里使用了_，这意味着不想定义一个变量。

- 通过 case_:Throwable 定义了要匹配的类型。Throwable 是一个 JVM 的专用构造（或者更具体地说，它是一个类），表示一般异常。这个类还有一些具体的实现类。在 case 语句中，匹配的是一般情况的异常，而不是在寻找特定类型的异常。这就像一个包罗万象的场景，发生任何类型的异常，则匹配。

- 如果异常发生，该 case 语句将会被匹配，并且=>右边将被执行。这是处理异常逻辑的位置。示例中，只返回"exception"字符串，这就是为什么当执行这个程序时这样返回（类型转换为其父类型 Any）的原因。

这就是 Scala 异常处理的基本结构。可以更深入地研究这部分内容。

```
scala> :paste
// Entering paste mode (ctrl-D to finish)

try{
  aList(22)
} catch {
case x: IndexOutOfBoundsException => "index out of bounds
exception"
case _: Throwable => "exception"
}
// Exiting paste mode, now interpreting.
res12: Any = index out of bounds exception
```

这个例子中的大部分内容已经很清楚了，但需要注意以下几个具体的点。

- 正如之前提到的，可以写一系列的 case 语句。

- 在第一个 case 语句中，查找了一个特定类型的异常，即 IndexOutOfBounds Exception。在下一个 case 语句中，寻找了一个更通用的异常条件。程序员通常就是这样编写异常处理程序的。从特定的类型开始，随着编写更多的 case 语句，处理程序将变得越来越通用。

- 执行这个代码片段时，第一个 case 语句被执行。这是匹配的。

- 在第一个 case 语句中，使用了变量 x。这样做，可以在 case 语句的主体中使用变量（在本例中没有这样使用，但本章中会使用它）。

还有另一个异常处理的方法，如下所示。

```
scala> :paste
// Entering paste mode (ctrl-D to finish)

try{
  aList(22)
} catch {
  case x: IndexOutOfBoundsException => throw new
IndexOutOfBoundsException
  case _: Throwable => "exception"
}
// Exiting paste mode, now interpreting.
java.lang.IndexOutOfBoundsException
at .liftedTree1$1(<pastie>:16)
... 36 elided
```

在本例中，在=>之后的第一个 case 语句块中抛出了异常。例如，如果遇到一个非常严重的错误，并且不希望程序在遇到错误后继续工作，那么可以抛出异常。一种情况可能是使用数据处理管道，在其中读取源文件并写入数据库。假设正在对一个文件进行数据质量检查，发现数据中存在问题（如数据类型不匹配），一种方法是抛出异常，这样就不会将错误记录插入最终数据库。

如果需要显式抛出异常，则可以使用这个形式：

```
throw new <exception type>
```

现在来学习另一个例子。

```
scala> :paste
// Entering paste mode (ctrl-D to finish)

try{
  aList(22)
} catch {
  case x: IndexOutOfBoundsException =>
   println("Printing error stack trace for better trouble- shooting")
   x.printStackTrace()
  case _: Throwable => "exception"
  }
// Exiting paste mode, now interpreting.

Printing error stack trace for better trouble-shooting
java.lang.IndexOutOfBoundsException: 22
        at scala.collection.LinearSeqOptimized.apply
        (LinearSeqOptimized.scala:63)
        at scala.collection.LinearSeqOptimized.apply$
        (LinearSeqOptimized.scala:61)
        at scala.collection.immutable.List.apply(List.scala:86)
        at $line26.$read$$iw$$iw$.liftedTree1$1(<pastie>:14)
        at $line26.$read$$iw$$iw$.<init>(<pastie>:13)
        at $line26.$read$$iw$$iw$.<clinit>(<pastie>)
        at $line26.$eval$.$print$lzycompute(<pastie>:7)
        at $line26.$eval$.$print(<pastie>:6)
        at $line26.$eval.$print(<pastie>)
        at sun.reflect.NativeMethodAccessorImpl.invoke0
        (Native Method)
        at sun.reflect.NativeMethodAccessorImpl.invoke
        (Unknown Source)
```

```
at sun.reflect.DelegatingMethodAccessorImpl.invoke
  (Unknown Source)
at java.lang.reflect.Method.invoke(Unknown Source)
at scala.tools.nsc.interpreter.IMain$ReadEvalPrint.
  call(IMain.scala:735)
at scala.tools.nsc.interpreter.IMain$Request.loadAndRun
  (IMain.scala:999)
at scala.tools.nsc.interpreter.IMain.$anonfun$interpret$1
  (IMain.scala:567)
at scala.reflect.internal.util.ScalaClassLoader.asContext
  (ScalaClassLoader.scala:34)
at scala.reflect.internal.util.ScalaClassLoader.asContext$
  (ScalaClassLoader.scala:30)
at scala.reflect.internal.util.AbstractFileClassLoader.
  asContext(AbstractFileClassLoader.scala:33)
at scala.tools.nsc.interpreter.IMain.loadAndRunReq$1
  (IMain.scala:566)
at scala.tools.nsc.interpreter.IMain.interpret (IMain.scala:593)
at scala.tools.nsc.interpreter.IMain.interpret (IMain.scala:563)
at scala.tools.nsc.interpreter.ILoop.$anonfun$paste
  Command$11(ILoop.scala:816)
at scala.tools.nsc.interpreter.IMain.withLabel
  (IMain.scala:112)
at scala.tools.nsc.interpreter.ILoop.interpretCode$1
  (ILoop.scala:816)
at scala.tools.nsc.interpreter.ILoop.pasteCommand
  (ILoop.scala:822)
at scala.tools.nsc.interpreter.ILoop.$anonfun$standard
  Commands$10(ILoop.scala:190)
at scala.tools.nsc.interpreter.LoopCommands$Line
  Cmd.apply(LoopCommands.scala:154)
at scala.tools.nsc.interpreter.LoopCommands.colonCommand
  (LoopCommands.scala:114)
at scala.tools.nsc.interpreter.LoopCommands.colonCommand$
  (LoopCommands.scala:112)
```

```
        at scala.tools.nsc.interpreter.ILoop.colonCommand
        (ILoop.scala:43)
        at scala.tools.nsc.interpreter.ILoop.command
        (ILoop.scala:752)
        at scala.tools.nsc.interpreter.ILoop.processLine
        (ILoop.scala:456)
        at scala.tools.nsc.interpreter.ILoop.loop(ILoop.scala:477)
        at scala.tools.nsc.interpreter.ILoop.process (ILoop.scala:1069)
        at scala.tools.nsc.MainGenericRunner.runTarget$1
        (MainGenericRunner.scala:82)
        at scala.tools.nsc.MainGenericRunner.run$1
        (MainGenericRunner.scala:85)
        at scala.tools.nsc.MainGenericRunner.process
        (MainGenericRunner.scala:96)
        at scala.tools.nsc.MainGenericRunner$.main
        (MainGenericRunner.scala:101)
        at scala.tools.nsc.MainGenericRunner.main
        (MainGenericRunner.scala)
rse16:Any=()
```

相当长的错误堆栈跟踪，不是吗？

下面是与之前代码片段的不同之处。

- 在第一个 case 语句中，在 case 块中使用了多个语句。这并不罕见。块中通常有不止一条语句，特别是在使用 case 语句时，因此不必将它们放在括号{}中。

- 在第一个 case 语句中，匹配了一个特定的异常类型，该异常类型被称为 IndexOutOfBoundsException。第二个 case 语句匹配是针对一般类型的异常进行的。

- 故意执行了一个表达式 (aList(22))，针对该表达式获得了一个 IndexOutOfBoundsException 异常。结果匹配了第一个 case 语句，因此，它的代码块被执行，而第二个 case 语句没有执行。

如图 12-2 所示，代码中进一步强调了处理异常的过程。

```
        try{

        //会导致异常的表达式
                                            特殊类型
        } catch {
            case x:[ExceptionType] =>
            case y:[ExceptionType] =>
            ...
            case z:[ExceptionType] =>
        }
                                            一般类型
                                            （通常为
                                            Throwable）
```

图 12-2　在 Scala 中使用 try-catch 块处理异常

类型推断的含义和异常处理 ▶▶

作为复习，想要在代码块中的语句执行后为变量赋值，可以使用代码块。类似地，在许多情况下，我们将希望执行表达式，并确保在这些表达式发生任何不良情况时使用异常处理结构。该表达式的结果应该分配给一个变量，这是一个正常的期望。然而，在 Scala 中这样做时，我想强调一些内容。

参考以下代码片段。

```scala
scala> val inputIndex = scala.io.StdIn.readLine().toInt

scala> :paste
// Entering paste mode (ctrl-D to finish)
  val theElement = try{
  aList(inputIndex)
} catch {
  case x: IndexOutOfBoundsException =>
    println("Printing error stack trace for better trouble-shooting")
    x.printStackTrace()
    case _ : Throwable => "exception"
}
// Exiting paste mode, now interpreting.
theElement: Any = 20
```

下面解释这段代码。

- 程序运行时，会提示用户输入。例如，用户输入 19，则该值将存储在 inputIndex 变量中，然后将其用于索引。如果 indexInput 值是 19，它将访问列表的第 20 个元素（该列表有 20 个元素）。此操作不会导致异常。但是，一名资深程序员会使用 try-catch 将该操作包装在异常处理块中。

- 在 case 语句中，使用了与前面相同的一组条件和代码块。

- 这个代码的不同之处在于将整个异常块的值分配给名为 theElement 的变量。

- 对这个代码期望的可能是，如果执行普通操作（如使用 aList(19) 访问列表的第 20 个元素），则不会导致异常，并且该值应该以其正确的数据类型（整数）被存储。在这个代码示例中，Scala 返回值 20，但是它的类型是 Any 而不是 Integer 型。这种类型转换在今后可能会产生影响。开发程序的目的是为了对这个变量执行数值操作，但是现在它是类型为 Any 的变量。这是因为在其中一个 case 语句中，返回了一个字符串（"exception"），因此 Scala 返回了更高的数据类型。

尝试将这个元素变量的类型指定为整数，它不会起作用，参见以下代码示例。

```
scala> val inputIndex = scala.io.StdIn.readLine().toInt
scala> :paste

// Entering paste mode (ctrl-D to finish)
val theElement:Int = try{
  aList(inputIndex)
} catch {
  case x: IndexOutOfBoundsException =>
    println("Printing error stack trace for better trouble-shooting")
    x.printStackTrace()
  case _ : Throwable => "exception"
}
// Exiting paste mode, now interpreting.
<pastie>:17: error: type mismatch;
 found    : Unit
required: Int
x.printStackTrace()
```

```
                    ^
<pastie>:18: error: type mismatch;
found : String("exception")
required: Int
case _: Throwable => "exception"
```

这个代码会由于类型不匹配的相关原因导致出现异常。

使用 Try、Catch 和 Finally ▶▶

编写程序时，经常在程序中使用外部资源，例如，我们从文件/数据库/消息队列读取或写入时，会首先建立一个连接，然后通过建立的连接写入数据。作为一种最佳实践，建议在完成与这些外部资源的交互后，关闭连接（或可能已经初始化的任何其他对象）。每个连接都有相关的成本（如建立一个连接到一个数据库，它保留一个连接槽），如果继续建立没有关闭的连接，它会对外部系统性能产生影响。当编写抛出异常的表达式时，这个概念变得更加重要。在程序中，可能已经编写了关闭连接的逻辑，但是如果程序因为异常而中断，该逻辑将不会被执行，资源也不会被释放。

为了处理这个问题，包括 Scala 在内的编程语言提供了 try、catch 和 finally 这样的结构。try-catch 的内容保持不变，但是 finally 块的添加将确保始终执行其中的代码，即使在发生异常时也是如此。这可以确保不会遇到前面讨论的资源耗尽问题。在 finally 块中，通常编写与释放与资源（如关闭连接）相关的表达式。

下面的例子进一步说明了这一点。

```
import java.io.{File, BufferedWriter, FileWriter}
val fileContent = scala.io.StdIn.readLine()
val textFile = new File("valid path to a file")
try {
    val buffWriter = new BufferedWriter(new FileWriter(textFile))
} catch {
    case x:java.io.IOException => println("Issues in writing
file. Check if you have permissions to write to the location or if a
```

```
directory with the same name exists")
Throw new java.io.IOException
}
try {
    buffWriter.write(fileContent)
} catch {
    case x:java.io.IOException => println("Writing to the file failed.
    Check if you have the permissions to write to file")
Throw new java.io.IOException
} finally {
    bufferedWriter.close()
}
```

下面解释这段代码。

- 使用 Java 库（File、BufferedWriter 和 FileWriter）写入文件。

- 首先从用户那里获得了需要写的内容，然后初始化了一个 java.io.File 类，并指定将在其中创建文件和写入数据的路径。

- 使用 try-catch 块来尝试写一个文件。在这种情况下，可以求助于在线文档来评估特定类或方法可能抛出哪些异常。图 12-3 显示了 java.io.FileWriter 的详细信息。如果观察抛出部分，它会突出显示该类在初始化时可能抛出的异常类型。

Constructor Detail

FileWriter

public FileWriter(String fileName)
                  throws IOException

Constructs a FileWriter object given a file name.

Parameters:
fileName - String The system-dependent filename.

Throws:
IOException - if the named file exists but is a directory rather than a regular file, does not exist but cannot be created, or cannot be opened for any other reason

图 12-3 java.io.FileWriter 类的文档重点介绍了它可能抛出的异常类型

- 抛出 java.io.IOException 异常，因此可以编写代码来捕获这些表达式。

- 在代码的最后，finally 块用于关闭 BufferedWriter 对象。这类似于写入数据文件的连接流。

这里的关键要点是，应该在代码中使用异常处理。然而，在使用异常处理时，应该警惕 Scala 中使用异常处理的不同注意事项。这些是本章所讨论的主要内容。

练　习

- 当使用模块中的函数时，请尝试观察函数会抛出什么类型的异常？试着用一种可以处理所有异常的方式来编写程序。
- 探索使用 scala.util 的好处。{Try,Success,Failure} 可以用于异常处理。

第十三章
编译和打包

当你快要接近自己的目标，可以使用 Scala 进行大数据分析时，是不是感觉很棒！有了这样一个雄心勃勃的目标，需要根据开发模式确定自己的方向，并且需要遵循开发社区中所实践的开发生命周期来开发。在开发工作中，通过拓展另一个维度，能够在 Spark Shell 之外扩展开发工作。简而言之，现在是时候讨论与构建和打包 Scala 代码相关的主题了。

我们应客观地看待这件事。到目前为止，在本书的所有开发中，一直使用的是 Scala REPL。Scala REPL 是一个不错的工具，它提高了程序员的工作效率。之前已经接触到了编程的兼容模式和构造，模式还可以使用它快速测试、学习和原型。

但是，在生产环境中，逻辑/程序/表达式不会在 Scala REPL 中执行。如果想使用 Scala 代码做一些事情，如计算某个单词在某些文档中出现的频率，就不会使用 Scala REPL。不会调用 Scala shell 并将命令一个接一个地传递给它。另外，一个优秀开发人员需要考虑一个同样重要的方面——代码的分发。通常，在专业设置中有多个环境，如开发、测试和生产。一般来说，开发人员在开发环境中操作，然后在测试环境中测试代码。如果测试通过，则将代码部署到生产环境中。

如果代码以这样的方式打包，它可以在不同的环境中轻松地分发、执行和测试，那么它将优化整个开发流程，并与当今行业中流行的 DevOps 实践保持一致。

Scala 开发生命周期 ▶▶

生命周期中通常采用如下方法表示。

- 前面提到的 Scala REPL 用于快速学习或构建原型。

- 创建以类和包的形式适当结构的 Scala 应用程序。

- 代码通常被划分为许多 Scala 文件，这些文件构成了类和包的整体。

- 定义和使用 Scala 应用程序中需要的任何额外模块（例如，解析 JSON 的库，通过 JDBC 与 Microsoft SQL Server 交互的库，或者允许使用 Apache Spark API 的库）。这称为依赖项管理。

- 一旦构建了应用程序并管理了依赖项，就需要执行以下步骤：
  ◆ 编译
  ◆ 构建
  ◆ 测试
  ◆ 包部署

如结果所示，Scala 应用程序会被编译、测试和打包为 JAR（Java 归档）形式。JAR 是一种文件格式，主要用于将代码与其依赖项（如库）、元数据和其他所需资源打包。Java 和 Scala 程序以 JAR 的形式打包用于分发和部署。

一开始理解这些步骤可能会比较晦涩，但是这些正是本章学习的目标，简单地解释这些概念并加强在这些领域的实战技能。

Scala 开发生命周期实践 ▶▶

让我们先设定一个目标——创建一个可以打包成 JAR 的可执行 Scala 应用程序。这里所说的可执行，表示 JAR 是可运行的：它可以执行一些方法或者函数。从一个非常基本的示例——Hello World 示例开始。大多数人已经可以在 Scala REPL 中创建了这个应用，但是现在需要以专业开发人员的方式来完成它。

这也将为 Apache Spark 开发奠定基础。要实现这一目标，需要借助以下两个工具。

一个是 IDE 开发工具。通常会使用 IntelliJ，但是我们会从一个文本编辑器开始，可以使用任何文本编辑器，可以选择一个简单的 Notepad，也可以选择更好的，如 Sublime 文本编辑器、Visual Studio 代码和 notepad++ 等。这里不再详细介绍如何设置或安装文本编辑

器,因为它非常简单。

另一个是编译构建工具。在 Scala 中,事实上的工具是 Scala 构建工具(SBT),它真的很神奇。这个工具可以做很多事情,不限于:

- 管理依赖
- 编译代码
- 运行单元测试
- 打包代码为 JAR 包

稍后将介绍这些操作。在本书中不会介绍单元测试,因为这些内容本身就需要用大量的章节进行讨论。

Scala 编译构建工具(SBT) ▶▶

大多数人认为这里需要 SBT。到目前为止,这本书中一直在使用 Windows,所以可以继续使用它。

要安装 SBT,请浏览以下网站并下载 windowsmsi 安装程式:

https://www.scala-sbt.org/1.x/docs/Installing-sbt-on-Windows.html

这个安装程序如图 13-1 所示。

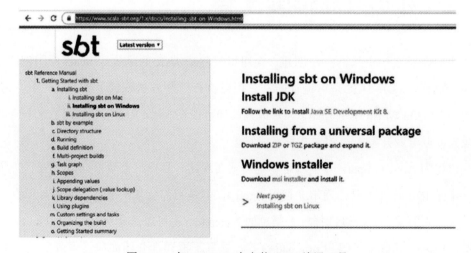

图 13-1　在 Windows 中安装 Scala 编译工具

下载安装程序后，安装过程就非常简单了。它需要确定最终用户许可协议、组件和安装位置。在这个阶段，可以继续使用缺省值。图 13-2 显示了安装向导的界面。

图 13-2　Windows 上的 SBT 安装向导

安装完成，就可以使用 SBT 了。

▶▶ 在 Windows 上使用 SBT

安装成功后，打开 Windows 命令提示符，输入 sbt。理想情况下，它显示类似于如图 13-3 所示的内容。

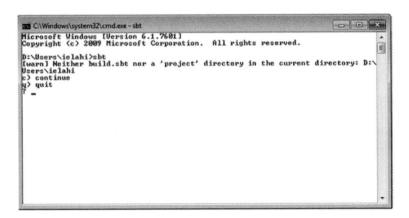

图 13-3　在 Windows 上成功安装 SBT 的界面

如果看到如图 13-3 所示的消息，则表明 SBT 已经成功下载并安装到系统中。

虽然已经确定了 SBT 的安装，但是还需要做一些设置才能使用。如果看到如图 13-3 所示的消息，说明 SBT 正在执行所谓的 build.sbt（也可称为项目，但现在忽略它）。这意味着 SBT 需要一些称为 build.sbt 的实体运行。现在我们一起来看看编译 SBT 的过程。

▶▶ 在 SBT 上构建.sbt

什么是 build.sbt？有人可能已经明白了什么是 SBT 所需要的，站在更高的层次上来看的解释：

- build.sbt 是一个计划文本文件。
- 开发人员创建 build.sbt 时，每次都要需要与 SBT 合作。
- 开发人员会出于各种目的使用 build.sbt，包括依赖关系管理。
- 定义打算使用哪个版本的 Scala（即使系统中已经安装了 Scala，使用 SBT 可以同时为不同的项目使用不同版本的 Scala）。
- 定义希望在项目中使用哪些附加库（Apache Spark 是一个库，可以在 build.sbt 中找到它）。

哪里可以找到这些依赖关系？这些库通常在被称为仓库的平台上使用。有一些开发人员经常使用的标准和知名的仓库，其中之一就是 maven（参见网址：https://mvnrepository.com/）。

在程序中被使用的库或依赖项在 maven 中很可能是可用的。SBT 管理访问 maven 的生命周期，下载这些依赖项并使它们可用于项目中。在 Scala 和 Java 的世界中，这些依赖关系以 JAR 的形式存在。它会下载到 build.sbt 中定义的依赖项所对应的 JAR 文件中，从 maven 库下载到本地系统。

这里强调 build.sbt 更多用例，但是掌握了这些知识，接下来可以使用一个工作示例来正确地看待所有事情。

安装 SBT。这里需要 build.sbt，因为主要使用它进行依赖关系管理，之后再用于构建。

执行以下动作来创建一个 build.sbt 文件。

- 在系统里创建一个目录，名字可以随便取。
- 打开一个文本编辑器，创建一个新文件，然后写一些内容到文件里。将文件在文件夹下保存成 build.sbt：

```
name := "HelloWorld"
version := "1.0"
scalaVersion := "2.12.0"
```

图 13-4 显示了文件夹在执行这两个步骤后的样子。

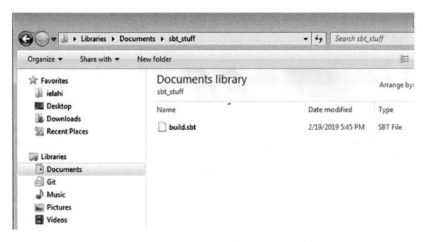

图 13-4　项目文件夹中的 build.sbt 文件

如图所示，只有一个 build.sbt 文件在那里。浏览 cmd 到该目录，然后键入 sbt，如图 13-5 中所示。

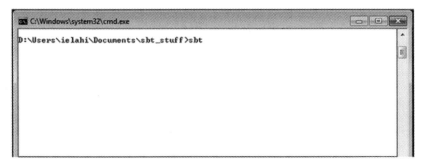

图 13-5　从 Windows 命令提示符运行 SBT

按 Enter 键，屏幕上会显示很多内容，如图 13-6 所示。

图 13-6　SBT 从在线仓库中下载依赖（默认 maven 和 Scala ones）

可以把它想象成 SBT 的初始化过程。将这个与之前的 SBT 的反应进行比较，在文件夹里没有 build.sbt 文件，是完全不同的和冗长的。

仔细查看此输出，会发现 SBT 正在下载大量 JAR 文件，并且在下载时将它们标记为 SUCCEFUL。基本上，它从默认存储库下载所有必需的依赖项（maven 通常是 SBT 的默认存储库）。在这个阶段可能还有一些问题，但可以先把它们搁置一下，然后继续进行下一步。

在它下载了所有需要下载的内容并完成整个过程之后，可以看到一个 shell 界面，如图 13-7 所示。

这是 SBT Shell，而不是 Scala REPL shell。因此，如果键入 Scala 命令，你可能会失望。

这个 SBT shell 可以接受特定于 SBT 的命令。稍后会用到其中的一些命令。但是为了获得一种感觉，尝试输入 help，它将显示可以在这里发出的所有命令。类似地，键入 about，它也会显示一些信息。这让人感到不可思议，但是这种情况下可以在这里的上下文中使用 Scala shell/REPL。为此，在 SBT shell 中键入 console，它将启动老式的 Scala REPL。在第一次启动控制台时，它还将下载 SBT 文件中指定的任何必需的依赖项。想知道为什么这么会变得更清楚，可参见图 13-8 中的示例。

图 13-7　SBT 的 shell

```
sbt:HelloWorld> console
[info] Non-compiled module 'compiler-bridge_2.12' for Scala 2.12.0. Compiling...
[info]   Compilation completed in 16.042s.
[info] Starting scala interpreter...
Welcome to Scala 2.12.0 (Java HotSpot(TM) 64-Bit Server VM, Java 1.8.0_151).
Type in expressions for evaluation. Or try :help.

scala>

scala> println("hello there")
hello there

scala> _
```

图 13-8　使用 SBT 启动 Scala shell

下面看看刚才到底做了哪些工作。

- 创建了 built.sbt 文件，在 built.sbt 文件中指定了一些属性。主要在 built.sbt 中使用以下内容：

```
name := "HelloWorld"
version := "1.0"
scalaVersion := "2.12.0"
```

这里的意思是：项目的名字将是 HelloWorld。同样的项目名称也出现在 SBT shell 中。

- 项目的版本是 1.0。这仅供参考。通常在编译 JAR 时使用它，并且可以使用此属性来指示不同版本的 JAR。

- 最重要的是，代码中当你们声明了 Scalar 的版本，你希望使用 Scala 的 2.12.0 版本，此版本可能与以前在系统中安装的版本不同。可以把它看作是一个独立的环境，在这里可以运行不同版本的 Scala，而且不会干扰之前安装的版本。如果想测试库的兼容性，这是一个很好的工具。有些图书馆对于特定版本的 Scala 是可用的，可以使用这个特性来控制行为。

- 这个 Scala 版本是一个依赖项，没有定义任何额外的库或模块。正如之前所说需要为项目使用特定版本的 Scala（目录中的空间就像一个项目）。

- 随着 build.sbt 文件的创建，当触发 SBT 会识别提到在 build.sbt 中的依赖关系，也就是 Scala 2.12.0，它开始从网上下载这个依赖项。通常，依赖关系可能依赖于某些库，而这些库又可能依赖于其他库，这就像一个连锁反应。SBT 的工作是跟踪所有的关系并下载它们，并将它们提供给人们使用。这是在命令提示符输入 sbt 命令后看到很多详细输出。

- 完成后，启动了 SBT shell，就可以使用它来完成许多任务。值得注意的是，启动了控制台，控制台启动了 Scala REPL。是否有人注意到启动了控制台的 Scala 版本是什么？

如图 13-9 所示。

```
sbt:HelloWorld> console
[info] Non-compiled module 'compiler-bridge_2.12' for Scala 2.12.0. Compiling...
[info]    Compilation completed in 16.042s.
[info] Starting scala interpreter...
Welcome to Scala 2.12.0 (Java HotSpot(TM) 64-Bit Server VM, Java 1.8.0_151).
Type in expressions for evaluation. Or try :help.

scala>

scala> println("hello there")
hello there

scala>
```

图 13-9 在通过 SBT 启动的 Scala shell 中高亮显示 Scala 版本

你会注意到如图 13-9 所示的 Scala 2.12.0 吗？那是因为你在 build.sbt 提到了它。因此，它可以可以管理这个依赖项并提供给价钱使用。是不是很酷？

▶▶ 使用 SBT 管理依赖

在回到最初的目标之前，让我们再看一个方面的内容。打开控制台，发出以下命令：

```
import spray.json._
```

这里将看到出现一个错误提示，如图 13-10 所示。发生了什么事？因为试图导入项目中不可用的库，但 Scala 无法找到它。

```
scala> import spray.json._
<console>:11: error: not found: value spray
       import spray.json._
              ^
scala> _
```

图 13-10　在 Scala 会话中引入一个 Scala 包

如果希望在项目中使用这个库。默认情况下，它是不可用的。而这正是 SBT 可以提供帮助的地方。

转到 maven 存储库并在搜索框中键入 spray json，如图 13-11 所示。

图 13-11　在 maven 仓库中搜索库

在显示的搜索结果中，选择 Spray JSON，它将显示如图 13-12 所示的界面。

界面突出显示了这个库的版本及 Scala 版本，并且指定了是哪个 Scala 版本的 build.sbt 文件，答案是 2.12.0，所以寻找与这个 Scala 版本对应的库版本，并选择它。选择可以有重叠（例如，1.3.3、1.3.4、1.3.5 都支持 Scala 2.12）。

这里可以选择其中任何一个。一般来说，最新的版本都很好并且很稳定（但并不总是如此），所以现在可以选择其中的任何一个。举个例子，选择 1.3.4 并单击它，它将显示进入如图 13-13 所示的界面。

在这个界面上，希望能关注 Maven、Gradle 和 SBT 的编写部分。所有这些都是构建工具。Maven 和 Gradle 通常与 Java 一起使用，SBT 与 Scala 一起使用，尽管它们也可以互换使用。这里选择了 SBT 标签，它会显示如下文字：

```
// https://mvnrepository.com/artifact/io.spray/spray-json
```

```
libraryDependencies += "io.spray" %% "spray-json" % "1.3.4"
```

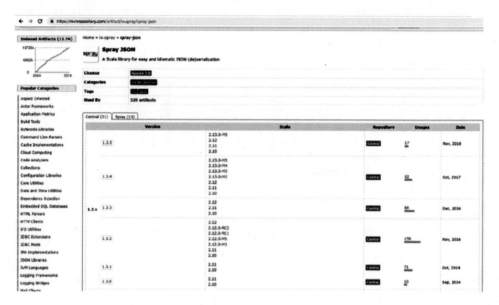

图 13-12　Maven repo 上提供了该库的不同版本

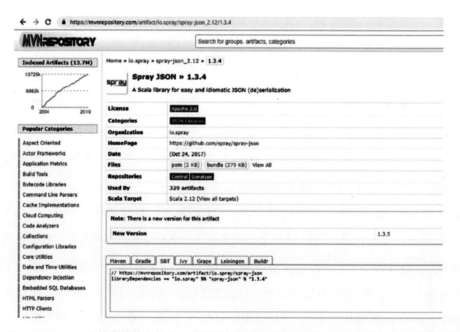

图 13-13　Maven repo 上的库的特定版本，说明了如何在不同的构建工具中将其作为依赖项突出显示

第一行是注释。现在将其复制到原始版本的 build.sbt 文件。在此之前请先退出 SBT

shell。

现在 build.sbt 文件如图 13-14 所示。

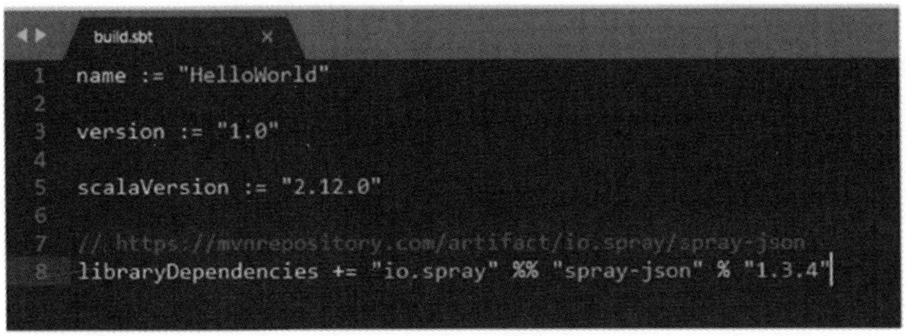

图 13-14　将 spray JSON 作为依赖项添加后的 buid.sbt 文件视图

将 `libraryDependencies` 从 maven 复制并粘贴到 build.sbt 中。这里要做的是把它定义为一种依赖。在项目中需要这个库，因此在 build.sbt 中定义它，这里的想法是当下次启动 SBT 时，它应该管理并提供可使用的依赖项。

现在，以启动 sbt 并发布 console 为例尝试导入这个库时，它工作得非常好，如图 13-15 所示。

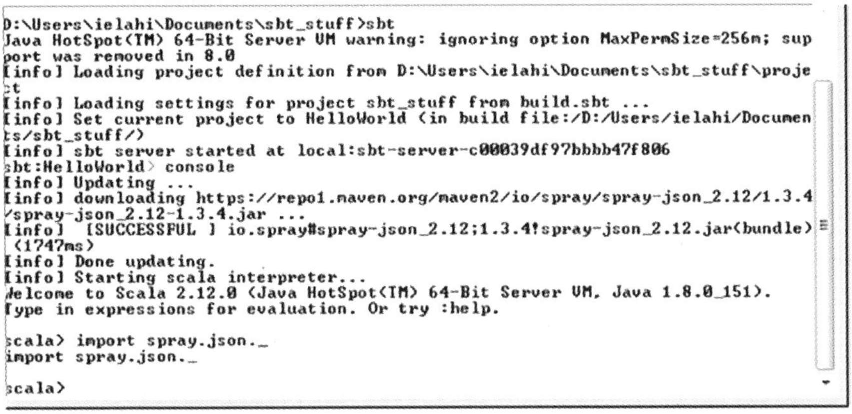

图 13-15　当被 build.sbt 文件管理之后，在 Scala 会话中成功导入库

实际上，这里从 Maven 下载了 Spray JSON JAR。为什么？因为指定它作为项目的一个附属品，它顺从地抓住它并为我们提供它。

这就是通过 SBT 管理依赖关系的方法。

▶▶ 使用 SBT 创建可执行的 Scala 应用程序

掌握了这些知识，现在看看最初的目标——用 Scala 创建一个可执行的 JAR。

分两个阶段解决这个问题：首先，了解创建一个可执行应用程序需要什么；然后，看看如何将其打包为 JAR 的形式（同时突出显示与创建 Fat JAR 相关的问题）。

先从简单的开始。在同一文件夹中创建一个新文件，将以下内容放入其中，然后将其保存为 HelloWorld.scala。

```
println("hello world")
```

在相同的文件夹中重新启动 sbt（仍然可以发出 run 命令而不重新启动 SBT）。一旦启动，在那里键入 run。

完成后，将看到如图 13-16 所示的错误。

```
D:\Users\ielahi\Documents\sbt_stuff>sbt
Java HotSpot(TM) 64-Bit Server VM warning: ignoring option MaxPermSize=256m; sup
port was removed in 8.0
[info] Loading project definition from D:\Users\ielahi\Documents\sbt_stuff\proje
ct
[info] Loading settings for project sbt_stuff from build.sbt ...
[info] Set current project to HelloWorld (in build file:/D:/Users/ielahi/Documen
ts/sbt_stuff/)
[info] sbt server started at local:sbt-server-c00039df97bbbb47f806
sbt:HelloWorld> run
[info] Compiling 1 Scala source to D:\Users\ielahi\Documents\sbt_stuff\target\sc
ala-2.12\classes ...
[      ] D:\Users\ielahi\Documents\sbt_stuff\HelloWorld.scala:1:1: expected class
 or object definition
[      ] println("hello world")
[      ] ^
[      ] one error found
[      ] (Compile /              ) Compilation failed
[      ] Total time: 3 s, completed Feb 19, 2019 6:52:08 PM
sbt:HelloWorld> _
```

图 13-16 运行结构不正确的可执行 Scala 应用程序

这显然是行不通的，但可以进行以下尝试。

- 创建一个可执行的 Scala 应用程序，可以通过 SBT 运行。想在屏幕上打印的 Hello World（可以 Scala shell）没有任何问题，可试图运行这个，但它总在 SBT 中失败。
- 希望一个应用程序是可执行的，必须相应地构造它。仔细查看图中的错误消息，会发现是"预期的类或对象定义"。

那么，如何编写可执行或可运行的程序呢？要做到这一点，需要做以下三件事。

- 定义一个对象（一个单例对象）
- 带有特定签名的主函数
- 想要执行的主体内的主要功能

还可以这样做：

```scala
object HelloWorld {
    def main(args:Array[String]):Unit = {
        println("hello world")
    }
}
```

特别注意代码中的 main 函数，这是一个很重要的东西，它被称为 main。它应该接受类型为 Array[String] 的参数，并且应该返回 Unit。如果不严格遵循这些步骤，就会遇到错误。

以这种方式编写程序并访问 SBT 运行，SBT 过程将寻找一个对象签名相匹配的 main 函数。一旦找到它，它将标记程序执行的入口点，程序将从那里开始执行。程序将成为可执行程序。

现在用这段代码保存文件，并在 SBT shell 中键入 run。如图 13-17 所示显示了发生的情况。

```
D:\Users\ielahi\Documents\sbt_stuff>sbt
Java HotSpot(TM) 64-Bit Server VM warning: ignoring option MaxPermSize=256m; sup
port was removed in 8.0
[info] Loading project definition from D:\Users\ielahi\Documents\sbt_stuff\proje
ct
[info] Loading settings for project sbt_stuff from build.sbt ...
[info] Set current project to HelloWorld (in build file:/D:/Users/ielahi/Documen
ts/sbt_stuff/)
[info] sbt server started at local:sbt-server-c00039df97bbbb47f806
sbt:HelloWorld> run
[info] Compiling 1 Scala source to D:\Users\ielahi\Documents\sbt_stuff\target\sc
ala-2.12\classes ...
[info] Done compiling.
[info] Packaging D:\Users\ielahi\Documents\sbt_stuff\target\scala-2.12\helloworl
d_2.12-1.0.jar ...
[info] Done packaging.
[info] Running HelloWorld
hello world
[success] Total time: 8 s, completed Feb 19, 2019 6:54:50 PM
sbt:HelloWorld> _
```

图 13-17　成功执行可运行/可执行的 Scala 应用程序

成功！这样可以通过一个可执行的 Scala 应用程序成功地显示 Hello World。可执行意味着程序中有一个带有 main 方法的对象，当运行/执行程序时，这个对象作为入口点。

▶▶ 对可执行的 Scala 应用程序使用 Scala 应用特性

作为一种时尚的语言，Scala 提供了另一种使对象可执行的方法。可以通过在对象中扩展 App 来实现。

这是一个 OOP 概念，可以让对象继承 App trait。但为了便于理解，可以将此看作是使 Scala 程序可执行的另一种方法，并且可以避免像前面那样定义 main 函数。

这里有一个例子：

```
object HelloWorld extends App{ println("hello world")
}
```

继续并尝试在 SBT 中运行它，它应该可以工作，HelloWorld 对象中的所有内容都将运行。

▶▶ Scala 应用程序的 Maven 文件夹结构

Maven 是一个仓库。但是 maven 也是 Java（和 Scala）的构建工具。当开发人员使用 maven 时，他们创建了一个特定的文件夹结构，并将他们的代码放在这些文件夹中。SBT 也倾向于这样的文件夹结构。当想要以包的形式组织类文件时（尤其是在 Java 中，但是 Scala 在此上下文中仍然很宽松），或者想要运行单元测试用例时，这一点就变得非常重要。

一般情况下，最好采用以下文件夹结构：

```
Project
    build.sbt
    src
        main
            scala
                com
                    irfan
                        elahi
                            HelloWorld
                            HelloFacebook
```

```
            resources
            lib
      test
            scala
                com
                    irfan
                        elahi
                            HelloWorldSpec
                            HelloFacebookSpec
            resources
```

代码被放在 `project/src/main/scala` 目录中。如果想用包的形式来构造类，根据约定，每个包的坐标都会创建一个文件夹（如在右包 com.irfan.elahi 中，三个文件夹将被创建，它们分别是 com, irfan 和 elahi）。这里提醒一下，这对 Scala 不是严格的要求，更多的是一种约定。

如果希望在主 JAR 中包含文件，则使用 resources 文件夹。在 lib 文件夹中，还可以放置 JAR 文件，它将自动添加到类路径中。

现在，有了这些知识，创建目录结构并将 HelloWorld 类放到 com.irfan.elahi 包中。

按照建议的文件夹结构，如图 13-18 所示是我的环境。

图 13-18　一个 Scala 项目的文件夹结构示例，突出说明包的用法（com.irfan.elahi）

修改后的 HelloWorld.scala 如下所示。

```
package com.irfan.elahi
object HelloWorld extends App{ println("hello world")
}
```

在 SBT shell 中运行它，它可以正常工作，如图 13-19 所示。

```
D:\Users\ielahi\Documents\sbt_stuff>sbt
Java HotSpot(TM) 64-Bit Server VM warning: ignoring option MaxPermSize=256m; sup
port was removed in 8.0
[info] Loading project definition from D:\Users\ielahi\Documents\sbt_stuff\proje
ct
[info] Loading settings for project sbt_stuff from build.sbt ...
[info] Set current project to HelloWorld (in build file:/D:/Users/ielahi/Documen
ts/sbt_stuff/)
[info] sbt server started at local:sbt-server-c00039df97bbbb47f806
sbt:HelloWorld> run
[info] Packaging D:\Users\ielahi\Documents\sbt_stuff\target\scala-2.12\helloworl
d_2.12-1.0.jar ...
[info] Done packaging.
[info] Running com.irfan.elahi.HelloWorld
hello world
[success] Total time: 1 s, completed Feb 19, 2019 7:16:57 PM
sbt:HelloWorld>
```

图 13-19　成功执行按照 maven 文件夹结构构建的 Scala 应用程序

还要注意，在 SBT 中运行时，它是在运行 com.irfan.elahi.HelloWorld。因此，它正确地标识了包和包的命名层次结构。

▶▶ 在 Scala 应用程序中创建多个类并使用它们

现在来做另一件事。创建另一个类并在主类中使用它的函数。

在现有的项目中，创建另一个名为 GreetWorld.scala 的文件，并加入以下内容。

```
package com.irfan.elahi

object GreetWorld {
def printMessage(theMessage:String):Unit = {
println(s"${theMessage} from Irfan Elahi") }
}
```

这样做改变了 HelloWorld.scala 并使它包含以下代码。

```
package com.irfan.elahi
import com.irfan.elahi.GreetWorld
```

```
object HelloWorld extends App {
GreetWorld.printMessage("Hello Awesome World")
}
```

在 SBT shell 中发出 run 命令，会得到如图 13-20 所示的输出。先尝试一下，然后看看代码片段中发生了什么。

```
sbt:HelloWorld> run
[info] Compiling 1 Scala source to D:\Users\ielahi\Documents\sbt_stuff\target\sc
ala-2.12\classes ...
[warn] D:\Users\ielahi\Documents\sbt_stuff\src\main\scala\com\irfan\elahi\HelloW
orld.scala:2:24: imported `GreetWorld' is permanently hidden by definition of ob
ject GreetWorld in package elahi
[warn] import com.irfan.elahi.GreetWorld
[warn]                          ^
[warn] one warning found
[info] Done compiling.
[info] Packaging D:\Users\ielahi\Documents\sbt_stuff\target\scala-2.12\helloworl
d_2.12-1.0.jar ...
[info] Done packaging.
Hello Awesome World from Irfan Elahi
[success] Total time: 1 s, completed Feb 20, 2019 6:07:54 PM
sbt:HelloWorld>
```

图 13-20　运行一个包中包含多个类的 Scala 应用程序

正如在图 13-20 中看到的，代码成功地运行了（下面将介绍一些注意事项）。

下面解释代码片段的内容。

- 在项目中创建了两个类（HelloWorld.scala 和 GreetWorld.scala）。
- 在对象中创建了 HelloWorld.scala 一个可执行类（用 App 扩展）。
- 使两个类属于同一个包，叫 com.irfan.elahi。
- 在 GreetWorld.scala 文件中，创建了一个单例对象，并定义了一个接受字符串参数并返回 Unit 的函数。在正文中，函数使用传递的参数并在屏幕上显示自定义消息。
- 将该对象导入到 HelloWorld.scala 中，并调用该对象及其函数。
- 运行它。

现在应该学会的内容有：

- 如何在项目中创建类文件并将它们分组在一个包下。
- 如何在另一个类中使用一个类的元素。
- 如何创建可执行应用程序。

所有的 Scala 应用程序，无论多么复杂，包括 Apache Spark 应用程序，都基于这个基本概念。可以创建类并相互使用它们来实现预期的目标。这促进了代码的模块化和可重用性。

注意：这只是一个 callout，在 SBT 中运行代码时，会收到警告。这些警告是由在 HelloWorld.scala 中使用的 import 语句引起的。因为在这个上下文中使用它是多余的，添加它是为了使将类导入程序的概念更容易理解。这两个类属于同一个包，并且存在于同一个层次结构中——com.irfan.elahi。因此，在这种情况下，不需要显式地导入它们。

▶▶ 编译 Scala 应用程序

有时需要确保代码中没有语法错误或任何类型相关的错误。语法错误和许多其他类型的错误都可以在编译时检查。编译是整个开发生命周期中的另一个步骤，还可以用于对代码快速执行语法检查。它接受.scala 文件检查任何错误，然后将它们转换为 Java 字节码文件（.class 文件），然后在后面的阶段使用这些文件运行应用程序。当运用 SBT 运行代码时，编译也会发生。若不想运行代码（或者包可能根本没有任何可执行类），compile 函数可以提供帮助。

那么如何通过 SBT 编译代码呢？这很简单。只需在 SBT 中键入 compile，它将编译代码，如图 13-21 所示。

```
D:\Users\ielahi\Documents\sbt_stuff>sbt
Java HotSpot(TM) 64-Bit Server VM warning: ignoring option MaxPermSize=256m; sup
port was removed in 8.0
[info] Loading project definition from D:\Users\ielahi\Documents\sbt_stuff\proje
ct
[info] Loading settings for project sbt_stuff from build.sbt ...
[info] Set current project to HelloWorld (in build file:/D:/Users/ielahi/Documen
ts/sbt_stuff/)
[info] sbt server started at local:sbt-server-c00039df97bbbb47f806
sbt:HelloWorld> compile
[success] Total time: 1 s, completed Feb 21, 2019 9:04:31 AM
sbt:HelloWorld>
```

图 13-21　编译 Scala 应用程序

以 JARS 的形式打包 Scala 应用程序

目前，已经学习了如何以文件夹、包和类的形式构造 Scala 应用程序，以及如何使用 SBT 编译和运行代码。但是，如果希望将代码交付执行，则需要对代码进行打包。例如，在 Windows 操作系统上下载和安装软件时，它会以可以使用的.exe 文件的形式打包。这样的概念也存在于 Scala 应用程序中，Scala 应用程序通常以 JAR 文件的形式打包。

类似地，使用 Apache Spark 编写程序时，也可以使用 Scala 中的 API，以 JAR 文件的形式打包应用程序，并在集群上运行它们。集群指的是多个计算机系统/服务器，这些计算机系统/服务器配置为在它们上运行分布式处理工作负载。

如何从 Scala 代码生成 JAR 文件呢？这就是 SBT 再次发挥作用的地方。与之前使用的命令一样，如 run 和 compile，还有另一个名为 package 的命令，可以使用它将 Scala 应用程序打包成 JAR 文件的形式。当运行 package 命令时，它也会编译它，所以不需要在打包之前单独运行 compile 命令。

请参见图 13-22 以获得更多的信息。

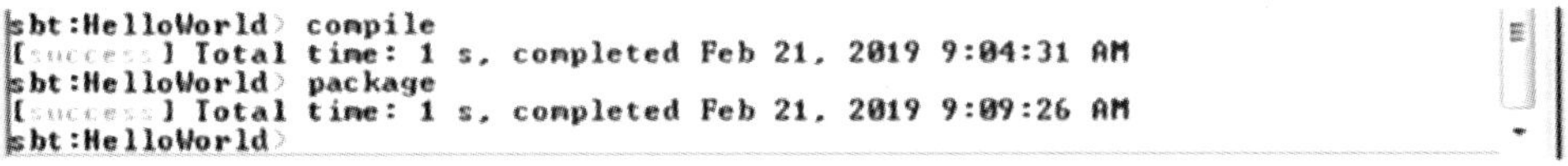

```
sbt:HelloWorld> compile
[success] Total time: 1 s, completed Feb 21, 2019 9:04:31 AM
sbt:HelloWorld> package
[success] Total time: 1 s, completed Feb 21, 2019 9:09:26 AM
sbt:HelloWorld>
```

图 13-22　以 JAR 的形式打包 Scala 应用程序

发出这个命令后，SBT 会将代码打包成 JAR 的形式，并部署在项目下面的文件夹中：

```
Project_folder\target\scala-2.12\helloworld_2.12-1.0.jar
```

确切的文件夹名称和类名称可能会因 SBT 中指定的 Scala 版本、项目名称和项目版本的不同而有所不同，但它位于相同的层次结构中。

有了 JAR 之后，可以在 SBT 外部使用以下命令执行：

```
scala <location_of_jar_file>
```

如图 13-23 所示。

完成后，程序将从类开始执行，其中使用了 main 函数（或扩展了应用特性）。

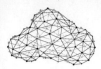

```
D:\Users\ielahi\Documents\sbt_stuff\target\scala-2.12>scala helloworld_2.12-1.0.
jar
Hello Awesome World from Irfan Elahi

D:\Users\ielahi\Documents\sbt_stuff\target\scala-2.12>
```

图 13-23   运行打包的 JAR 文件

▶▶ 转换到 IDE

现在已经学习了 Scala，即 Scala REPL，然后逐步学会使用 SBT 来运行 Scala 应用程序。但通往卓越的道路仍然要继续努力。

学习需要与专业开发人员的实践保持一致。这样做，工作效率会大大提高。但学习过程中会遇到有一个小的波折，但这都是值得的。那么专业开发人员使用哪些工具进行开发呢？经常会从他们那里听到 IDE 这个术语，它代表集成开发环境。这是一种开发人员编写代码并出于多种原因使用的软件。IDE 提供语法检查、高亮显示、类型检查、依赖项管理及构建、编译和单元测试执行，所有这些功能都可以在一个平台中进行。因此，它极大地提高了生产率。

首先，使用 Scala REPL 编写代码，然后使用文本编辑器编写代码，现在是开始使用 IDE 的时候了。

每种语言都有自己的 IDE，它们被认为是事实上的 IDE。对于.NET 开发，它是 Visual Studio；对于 Python，它是 PyCharm（尽管这纯粹是主观的，而且偏好可能因人而异）。对于 Java 和 Scala，它是 IntelliJ IDEA（许多开发人员也非常喜欢 Eclipse，但我更喜欢 IntelliJ IDEA）。这也是个人偏好的问题。

从现在开始，本章将转向学习 IntelliJ 相关知识。

▶▶ 安装 IntelliJ IDEA

在使用 IntelliJ IDEA 之前，需要下载并安装它。要做到这一点，请访问这个网站：

```
https://www.jetbrains.com/idea/download/
```

将看到类似于如图 13-24 所示的页面。

图 13-24　下载 IntelliJ IDEA

　　发现有两种下载 IntelliJ IDEA 的选择。出于某些目的，社区版工作得很好，并且是免费的，所以只要下载社区版就可以了。

　　下载完成后进行安装。安装过程是显而易见的。安装完毕后，启动 IntelliJ IDEA。

　　当启动 IntelliJ IDEA 时，将看到如图 13-25 所示的启动画面。

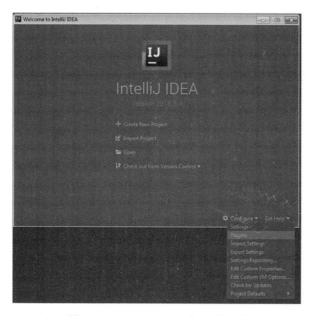

图 13-25　IntelliJ IDEA 的启动画面

▶▶ IntelliJ IDEA 插件安装

安装 IntelliJ IDEA 时，它并没有为 Scala 开发提供所需要的很多功能。因此，需要安装一组插件。至少在 Scala 开发中，需要以下两个插件：

- Scala
- SBT

可以通过选择插件安装插件，在搜索框中输入所需的插件名称，然后安装它们，如图 13-26 所示。

图 13-26　在 IntelliJ IDEA 中安装插件

安装插件时，它可能会要求重新启动 IntelliJ IDEA。请这样做。

▶▶ IntelliJ IDEA 导入项目

本章已经完成了一个项目，其中创建了两个类（HelloWorld 和 GreetWorld），并通过 SBT shell 编译和执行它们。

现在导入这个项目，并在 IntelliJ IDEA 中做同样的事情，步骤如下所示。

1. 启动 IntelliJ 并点击导入项目（见图 13-25)。

2. 导航到 IntelliJ IDEA 向导中的目录项目存在的位置。

3. 单击 Next，然后选择从外部模型导入项目。选择 sbt，如图 13-27 所示。

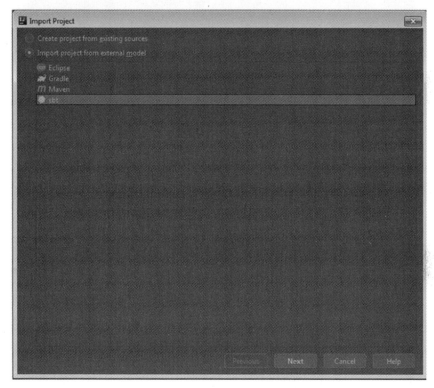

图 13-27　在 IntelliJ IDEA 中选择 SBT

4. 在下一个显示界面中，确保 JDK 被选中。如果没有，请单击 New 并导航到系统上安装 JDK 的目录。

5. 单击全局 SBT 设置，然后在启动器（sbt-launch.jar）部分中选择 Custom。导航到安装 SBT 的目录。在该目录中，转到 bin 并选择 sbt-launch.jar。可以使用与 IntelliJ 捆绑的 SBT，但它有助于使用安装在系统中的 SBT。在已安装的 SBT 中完成一些配置（如代理设置）时是有益的，如图 13-28 所示。

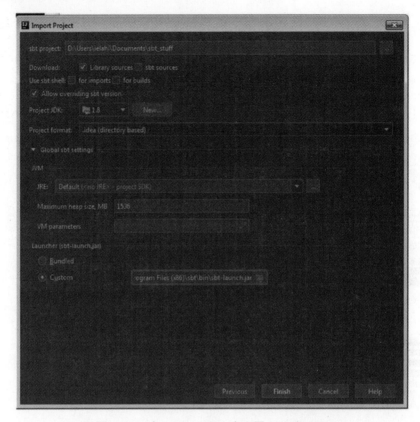

图 13-28　在 IntelliJ IDEA 中配置 JDK 和 SBT

6．单击 Finish。

完成后，让 IntelliJ IDEA 完成导入。此时，它将解析 build.sbt 文件并下载之前没有下载的依赖项（顺便说一下，下载依赖项时，它们存在于系统中，并由 Apache Ivy 管理）。

IntelliJ IDEA 完成了它的工作并导入了所有的依赖项，就可以在这个环境中进行开发了。如图 13-29 所示为该状态的界面。

从图 13-29 可以看到：

• 左侧窗格显示目录结构项目。

• 右窗格显示左窗格中选择的文件的内容。我选择了 HelloWorld，它显示在这里。

还可以看到，右窗格中完美地突出显示了语法。代码中的每个关键字都用色彩突出显示（例如，object 和 extends 关键字）。

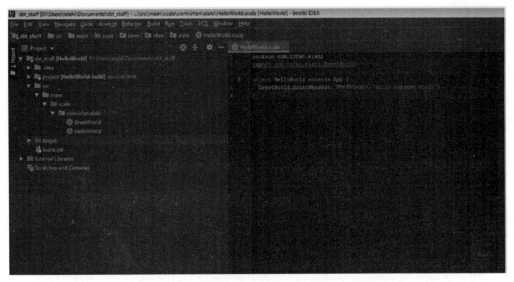

图 13-29　成功导入项目后 IntelliJ IDEA 的界面

它还会在出现问题时突显出来。例如，如前所述，`import` 命令是多余的，它已经用灰色突出显示并加了下划线。类似地，出现任何错误，它都能实时显示正在做的是什么，这确实有助于实现及时地排除故障。

它还显示了正在使用的类中可用的元素，如图 13-30 所示。

图 13-30　高亮显示正在使用的类/对象的元素

如图 13-30 所示，它显示了 `GreetWorld` 对象中可用的 `printMessage` 函数，并显

示了该函数接受哪些参数及其返回的值，使用非常方便！

现在运行 Scala 应用程序。可以从 IntelliJ IDEA 中做到这一点。右键单击要运行的类（在本例中为 HelloWorld.scala），然后单击 Run HelloWorld，如图 13-31 所示。

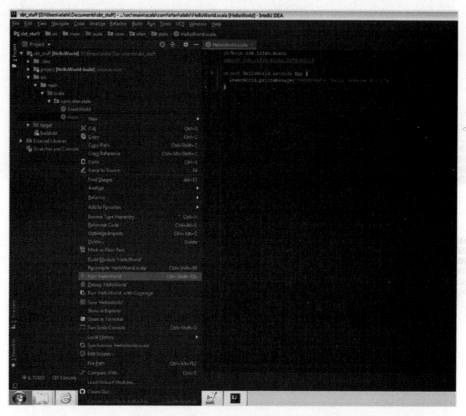

图 13-31　在 IntelliJ IDEA 内运行一个应用程序

单击，将在后端启动整个过程（编译和运行），并将在 IntelliJ IDEA 的底部显示输出，如图 13-32 所示。

因为 IntelliJ IDEA 是一个复杂的工具，且它并且拥有很多惊人功能，而我的讲解不可能涵盖所有的功能。但是，最好尽可能熟悉它的特性，并学习如何使用它们来提高工作效率。

这一章介绍了很多内容。开始使用 SBT 完成不同的任务，如编译、运行和打包，学会了如何构造 Scala 应用程序，以及如何使用 IntelliJ IDEA 来增强开发能力，这些都为接下来的章节学习打下了坚实的基础。在接下来的章节中，将使用 Apache Spark，同时使用到目前为止所学到的所有概念，这将是激动人心的！

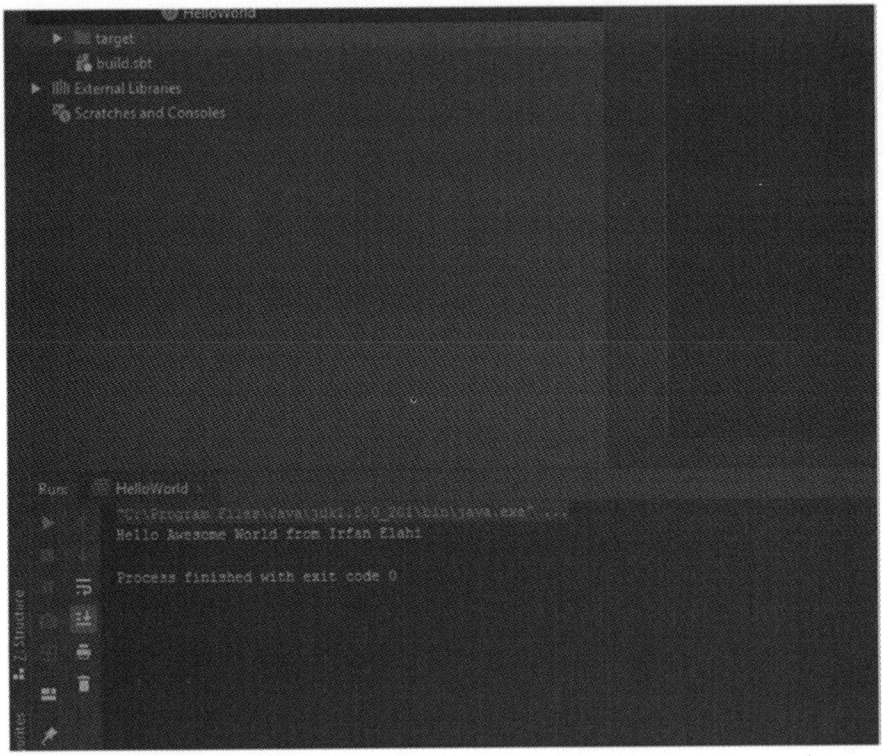

图 13-32　在 IntelliJ IDEA 运行一个应用程序

练　习

- 在 IntelliJ idea 中创建一个新项目，而不是导入一个。
- 在 Linux 机器上安装 SBT 并使用它。
- 如何改变 SBT 的配置。例如，如果在网络代理之后，如何在 SBT 中指定这些设置，如何更改 SBT 的堆大小，等等。
- 找出"uber"或"Fat"JAR 的意思。
- 了解 build.sbt 的不同结构，以及如何包含不同的存储库。

- 如何在 build.sbt 中指定多个依赖项。

- 如何在 build.sbt 中定义多个项目，如何构造相应的文件夹。另外，如何有选择地在 SBT 中构建/打包单个项目。

- 使用 maven 来构建 Scala 代码，而不是使用 SBT 来构建。理解两者之间的区别。

- 无须在 build.sbt 中指定所需的依赖项，以此为项目找到提供这些依赖项的替代方法。（提示：它涉及将 JAR 文件放到项目的文件夹中。）

- 如何启动 Scala shell 并将不同的 JAR 添加到它的类路径中。

第十四章
你好，Apache Spark

回首过去，发现已经走过了一段漫长的旅程，曾经预想的目标即将触手可及，这种感觉是不是很好？在开始学习本章前，很多人一定也有同样的感受，而本章作为全书的最后一章，都是关于如何将前面所学的概念付诸实践，以及如何进行大数据分析和使用 Apache Spark 的内容。所以，做好准备，一起享受最后这段激动人心的旅程吧！

我在本书中曾多次提到 Apache Spark。在第一章中，我就曾简单介绍过。下面正式地开始学习 Spark 的基本知识，然后看看如何使用 Scala 对其进行开发。

回顾 Spark

在第一章中已经介绍了一些有关 Spark 的概念。下面进一步地学习它。

分布式计算引擎

Apache Spark 是一个分布式计算引擎，就意味着它可以在多台机器上进行计算。通常，如果编写了一个 Scala 程序并运行它，那么程序中的所有处理与操作都只在一台机器上进行。但是在 Spark 中，可以利用计算机的集群来进行分布式计算。实现大数据技术的关键就是将无法在一台机器上完成的数据分析或计算，水平扩展到多台机器上。单台机器的性能之所以会受到限制，是因为只能在一定程度上有限地增加处理能力（CPU 核数或多个处理器）、内存（RAM）或存储空间（硬盘）。但是，如果使用水平可伸缩的模型，那么可以处理（和存储）的数据量就将不再受限制。Spark 就是这样一种一次编写能够在多台机器上运行的程序。

▶▶ Spark 与 Hadoop

Spark 与 Hadoop 有很密切的联系。正如在第一章中提到的，Hadoop 是一个服务的集合，这些服务属于不同的类别：

- 计算（Spark、MapReduce、Hive、Impala、Storm、Flink、Samza、Drill 和 Presto）
- 存储（HDFS、Kudu、HBase、MongoDB、Cassandra 和 Gremlin）
- 安全（Sentry、Knox、Ranger）
- 元数据管理（Hive Metastore、HCatalog、Atlas 和 Cloudera Navigator）
- 消息队列（Kafka、EventHub 和 Kinesis）
- 集成（NiFi、StreamSets、Flume）
- 集群管理器（YARN 和 Mesos）

这个清单并没有列全，但应该能理解我的意思。可以将 Spark 视为 Hadoop 的一种计算服务（Spark 也可以作为独立的解决方案来运行）。通常，Hadoop 生态系统会部署在一个集群上，集群中不同的节点运行着不同的服务类型，因此，Spark 作为一种计算服务，将运行在集群中配置好的节点。

▶▶ Spark 与 YARN

正如前面所讲，YARN 是一种集群管理器，在整个集群中扮演着至关重要的角色。在集群中，每台机器都有一些计算资源（如处理器核数和 RAM），那么就得有一个组件来对这些计算资源及其各自的状态进行监控。这个组件应该知道在何时启动哪个进程——即启动哪台机器，这台机器需要有足够的资源供程序计算使用。这个组件还应该知道，如果有多个作业被提交给集群，它该如何管理和限制每个作业所消耗的资源。另外，如果分布式中某个节点上的某个进程在运行时被杀死，这个组件应该知道接下来要在哪个节点上重新生成该进程。所有这些工作和许多其他还没被提及的工作都是要由 YARN 来完成的。

就像其他集群管理器一样，YARN 也有两种类型：

- Resource Manager（资源管理器）
- Node Manager（节点管理器）

Resource Manager 是一个 master 进程，Node Manager 则是运行在多台机器上的从进程。YARN 通过所谓的容器（计算资源的抽象）来分配计算资源。因此，YARN 的 Resource Manager 将在 Node Manager 上启动一个容器，并跟踪这个容器的状态（如运行状况、故障等）。

为什么要讨论 YARN，这是因为在生产环境中，Spark 是在 YARN 上运行的。当 Spark 执行 job 时，Spark 进程和 Node Manager 进程需要运行在相同的节点上（这不是通用的，因为 Databricks Spark 提供的产品本身并不运行在 YARN 上），然后 Spark 的 job 从 YARN 中获取容器形式的资源。理解这一点会对后面的学习很有帮助。

▶▶ Spark 进程

Spark 包含两种类型的进程：

- Driver 进程
- Executor 进程

Driver 进程运行在 JVM 中，可以将它看作是 Spark 的主进程，它主要负责协调 Spark 的任务流程及初始化 Spark Context。每个 Spark 应用程序都会有一个 Driver 进程，但它并不参与对任务的分布式处理。所有的分布式处理都由 Executor 进程完成。另外，在 Spark 中加载的文件或任何数据，都将被分区加载到 Executor 进程的 JVM 堆内存中。

▶▶ Spark 的抽象

前面已经出现过 RDD 这个术语，现在对 RDD 进行深入讲解。RDD 代表弹性分布式数据集，理解它的几个关键点是：

- RDD 类似于 Scala 的集合，也提供了如 map、filter 和 foreach 这样的方法，这些方法的使用和 Scala 集合中的使用是一样的。

- 与 Scala 集合不同的是，RDD 不只存在于一台机器或 JVM 上，而是以分区的方式存储在多个节点之上（特别是在 YARN 的 Node Manger 上运行的 Executor 进程）。

- RDD 是不可变的。学买到现在应该清楚这是什么意思。

- RDD 是可容错的。Spark 会跟踪 RDD——它们是如何被创建的。因此，如果有 RDD 被破坏或者丢失，Spark 知道如何重新创建它们。

创建 RDD 有多种方式。既可以在 Spark 从外部系统（如文件系统、数据库和消息队列）加载数据时创建它们，也可以通过并行化 Scala 集合来创建它们（但是这样做没有意义，因为没有理由分发一个已经装入 JVM 但只是用于测试目的的集合），或者也可以通过转换一个 RDD 来创建新的 RDD。

将在本章的后面的内容讲到 RDD。

▶▶ Spark 的惰操作模式

Spark 最有趣的特性之一是它的懒操作模式。如果想在 RDD 上调用某些函数进行转换（称为 transformation），这些操作不会立即执行，而是以 DAG（有向无环图，即一种不形成循环的图）的形式"记录"这些转换操作。如在 RDD 上执行以下 transformation 操作：

- 从文件系统加载数据。

- 过滤掉包含单词"Scala"的行。

- 用逗号隔开。

- 计算有多少个这样的行存在。

如前所述，Spark 将不会执行前三个转换操作，而是以 DAG 的形式记录下这些步骤，如下所示。

```
Load Data ➤ Filter ➤ Map
```

执行某些被称为 Action 的方法时，它就将从 DAG 的最开始触发执行，也就是从文件系统加载数据。

这被称为惰操作模式，Spark 能利用这个特性在底层执行一些优化。

我希望本书能够提供一些对 Spark 基本概念的讲解。但为了能更深入地了解 Spark，我

建议再进一步研究一下。这里我推荐下我在 Udemy 上最畅销的课程，我相信这个课程能提高学习 Spark 的水平，参见网址：https://www.udemy.com/apache-spark-hands-on-course-big-data-analytics/。

好了，理论部分讲得够多了。下面来实际开发一下 Spark 吧！

首先，进行特别的 Spark 开发，然后再了解下如何创建可以在集群上运行的 Spark 应用程序（并不非得用到集群，会模拟出一个集群环境）。

使用 Scala 开发 Spark ▶▶

可以通过很多方式来获取 Apache Spark，但是最快及免费的方式是以下两种：

- Cloudera QuickStart VM
- Databricks Community Edition

Cloudera 和 Databricks 都是 Hadoop 的商业化公司，其中，Databricks 只提供 Apache Spark 服务。对于第一种方式，可以在 Windows 系统上运行一个 Linux 虚拟机，然后安装并配置 Hadoop 的 Cloudera 发行版（CDH），之后启动 `spark-shell`（或 `spark2-shell`），它将启动人们已经非常熟悉的 Scala shell，并且预先配置 Spark 需要的所有依赖项。

如果不想在 Windows 系统中运行虚拟机，另一个选择就是使用 Databricks。Databricks 也是免费的，并且可以在浏览器中运行，当然，这意味着要在联网状态下才能使用它。Databricks 的另一个重要特性是提供了 UI 界面，这对于初学者来说非常方便。

▶▶ 在 Databricks 中配置 Spark 环境

现在开始使用 Databricks 吧！首先需要注册账号并使用 Databricks 社区版。参见以下链接：https://databricks.com/try-databricks。

如图 14-1 所示。

点击社区版下面的 GET STARTED，注册完成，可以看到如图 14-2 所示的界面。

在使用 Apache Spark 之前，需要启动并运行一个集群。Databricks 的社区版提供了这样一种工具。尽管社区版中可以设置的集群规模非常小，甚至只有一个节点，但它足以满

足我们的需求。

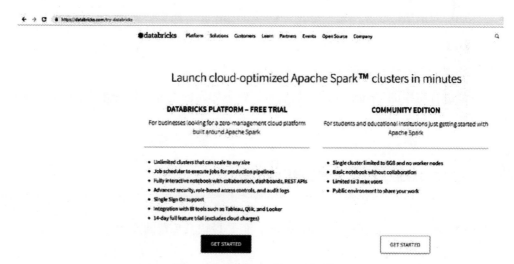

图 14-1　注册 Databricks 社区版

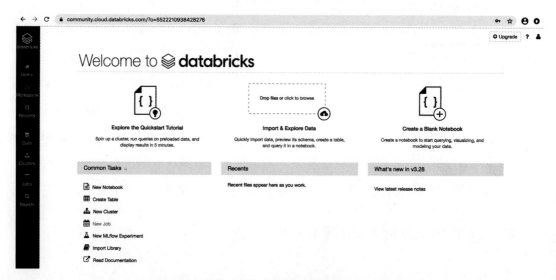

图 14-2　完成 Databricks 社区版注册后的主界面

找到左侧菜单栏上的 Cluster 选项，单击 Create Cluster 按钮，如图 14-3 所示。

单击该按钮后，它将询问一些与创建集群相关的选项，如图 14-4 所示，包括指定任何喜欢的集群名称、选择的 Scala 版本等。然后单击 Create Cluster 按钮，集群将需要一分钟左右的时间启动，可以在集群标签中跟踪它的状态。

图 14-3　Databricks 的集群标签

图 14-4　Databricks 的集群创建选项

　　集群创建完成之后，单击左侧菜单中的 Databricks 回到主界面，然后单击 New Notebook，它将询问笔记本的名称、要使用的语言及要使用的集群。为笔记本指定一个名称，选择 Scala 作为语言，并选择刚刚创建的集群。最后，单击 Create，它将完成笔记本的所有配置，如图 14-5 所示。

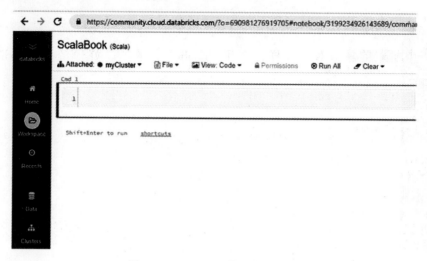

图 14-5　Databricks 的一个笔记本

笔记本由不同的单元格组成，在单元格中编写代码后，输出结果显示在它的正下方。还可以在当前单元格的上方和下方创建单元格，并且它们之间可以进行交互。数据科学家们经常会用到笔记本功能。

在每个单元格中，可以编写 Scala 表达式并按 Ctrl+Enter 键执行该单元格中的内容。如果按下 Shift+Enter，它将在执行单元格之后，在它下面创建另一个单元格。

综上，学习了这些知识，就可以使用 Scala 进行 Spark 编程了。到目前为止所学的概念都可以很方便地付诸实践。

另外，由于本书不是专门讲解 Spark 的，所以我不会太深入地讲解 Spark 的细节。当然，如果有足够的求知欲，是可以深入研究下去的。（尽管有很多讲解 Spark 的书籍，但我推荐阅读 Butch Quinto 出版的这本，参见网址：https://www.apress.com/gp/book/ 9781484231463，因为它不仅涵盖了 Spark 的内容，还涉及 Spark 与其他大数据技术集成的大量用例，我也参与了这本书的审阅。）

▶▶ 用 Scala 开发 Apache Spark

现在，开始编写 Spark 的应用程序时，首先要做的是初始化 SparkContext 对象，它是一个提供到 Spark 集群入口的对象。这个对象提供了许多函数，可以通过这些函数使用

Apache Spark 分布式计算的能力。从 Scala 的角度来看，`SparkContext` 只是一个对象，它与在类中创建的其他对象一样。使用 Databricks 的一个好处是，在笔记本时，`SparkContext` 对象就已经可用了，因此不必再创建对象。但是，在下一节编写 Scala 程序时，将会实际创建一个 SparkContext。

如前所述，在 Databricks 的笔记本中，`SparkContext` 对象可以被命名为 `sc` 变量并加以使用，如图 14-6 所示。

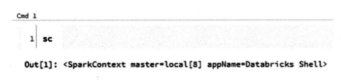

图 14-6　Spark Context 对象

就像在 Scala REPL 中那样，Databricks 也会在输出中显示对象的类型。可以看到，`sc` 对象的类型是 `org.apache.spark.SparkContext`。

想知道 `sc` 对象中有哪些元素是可用的，可以在键入 `sc.` 后按下 Tab 键来实现，就像在 Scala REPL 中那样。

现在创建一个 RDD。如前所述，创建 RDD 有很多种方式，其中最简单的方式是 `sc.parallelize` 方法。这个方法会接收一个 Scala 集合（之前使用过这个集合）。然后 Spark 会把之前一直使用的单节点中的 Scala 集合的内容分发到多个节点中（不过在本例中，使用的是一个单节点集群）。

所以当输入：

```
sc.parallelize(List(1,2,3,4,5,6,7,8,9,10))
```

并按下 Ctrl+Enter 或 Shift+Enter 后，会得到如图 14-7 所示的内容。

图 14-7　使用 Spark Context 对象的 parallelize 函数

在执行这个代码后会得到一个对象，该对象的类型为 `org.apache.spark.rdd.cRDD[Int]`。它只是一种类型，与之前遇到的其他类型一样。

可以将创建的 RDD 赋值给一个不可变变量：

```
val myRdd = sc.parallelize(List(1,2,3,4,5,6,7,8,9,10))
```

然后就可以使用这个变量了。

现在假设要把 RDD 的每个元素都乘以 2，可能怎么做呢？在回答之前，考虑如果使用列表操作，将如何做到这一点。先从列表开始，然后再看看如何在 RDD 中实现。

当使用列表时，一般会像下面这样处理。

```
val aList = List(1,2,3,4,5,6,7,8,9,10)
aList.map(x=>x*2)
```

现在应该很清楚，通常会使用列表的 map 函数，然后将函数(x=>x*2)作为参数传递给 map，map 会对列表的每个元素进行操作，也就是乘以 2。

那么在 RDD 中如何做到这一点呢？其实是完全一样的！

```
myRdd.map(x=>x*2)
```

之前提到过，Spark 中有两种类型的函数：transformation 和 action，但这里使用了 RDD 的 map 函数，它是一个 transformation。当执行这个命令时，将不会看到任何输出。实际上，Spark 也没有执行任何东西，这是由它的惰操作模式决定的。那么如何触发执行呢？这里需要用到 action。action 中有一个函数叫 collect，它会将 RDD 的所有元素返回给 JVM。（强烈建议在处理大规模数据集时不要使用 collect，因为这样做会导致所有的 excutor 进程将它们的 RDD 数据都返回到内存中，可能会导致内存溢出的问题。这不仅仅是因为使用了 Databricks 的社区版才会出现，而是一个很常见的问题，因为驱动程序是一个内存有限的 JVM 进程，所以如果试图将多个 executor 进程 JVM 中的数据都导入到一个 JVM 中，肯定会遇到内存溢出的问题。）

不过，因为使用的是一个非常小的数据集，所以这里现在可以安全地使用它。开发人员通常习惯使用 collect 将 RDD 转换为熟悉的 Scala 集合（在驱动程序 JVM 中本地化）。可以（也应该）使用 Spark 的函数（如 map、filter 等）来进行任何类型的转换操作，这样就可以在进行转换的同时实现分布式计算。

因此，像下面这样使用 collect 时，

```
myRdd.map(x=>x*2).collect()
```

会得到如图 14-8 所示的内容。

```
Cmd 4
1  myRdd.map(x=>x*2).collect()
▶ (1) Spark Jobs
res6: Array[Int] = Array(2, 4, 6, 8, 10, 12, 14, 16, 18, 20)
```

图 14-8　在 RDD 上使用 collect()

无论是在一个小型数据集上操作还是在一个包含数十亿记录的大规模数据集上操作，都可以使用相同的逻辑。如果像上面这样操作，Spark 将会在集群上进行分发处理。Spark 屏蔽了集群背后的复杂性，并提供了一个非常简单的 RDD API 抽象模型，它与 Scala 集合非常相似。

类似地，可以在 RDD 上使用 filter 函数。如从列表中过滤出偶数。现在定义一个函数来完成这个任务，之前学习的函数在这里也会派上用场。

```
def giveEvens(givenNumber:Int):Boolean = {
  givenNumber%2 == 0
}
myRdd.filter(x=>giveEvens(x)).collect()
```

结果如图 14-9 所示。

```
Cmd 5
1  def giveEvens(givenNumber:Int):Boolean = {
2    givenNumber%2 == 0
3  }

giveEvens: (givenNumber: Int)Boolean
Command took 0.37 seconds -- by towntawks+db@gmail.com at 2

Cmd 6
1  myRdd.filter(x=>giveEvens(x)).collect()
▶ (1) Spark Jobs
res8: Array[Int] = Array(2, 4, 6, 8, 10)
```

图 14-9　在 Spark 中使用 filter 函数进行转换

现在对刚才的操作进行简要回顾。

- 定义了一个函数，它接受一个整数作为参数，并检查它除以 2 的模数是否为零（即当该数除以 2 时，余数是否为零）。

- 这里用到了 RDD 的 filter 函数。因为过滤也是一种 transformation 操作，因此为了实际触发执行并获得结果，使用了 collect() 这个 action 操作，这将使 Spark 执行处理并返回结果（在本例中，结果是一个偶数列表）。

把这些操作连在一起写，而不用分别写出每个表达式。

```
myRdd.filter(x=>giveEvens(x)).map(x=>x*2)
```

还可以对使用 collect() 操作后返回的结果无缝地使用集合函数。由于 collect() 函数会将 RDD 的内容作为一个数组返回，因此可以使用数组的 foreach 函数进一步对其进行处理（如打印）。

```
myRdd.filter(x=>giveEvens(x)).map(x=>x*2).collect().foreach(println)
```

注意，在这个上下文中，foreach 函数是应用在数组上的而不是 RDD 上。许多 RDD 的函数和集合函数具有相同的名称，因此务必要了解使用它们时的上下文。

练　习

- 探索 Spark RDD API 可用的 transformation 和 action 操作。例如，transformation：foreach、reduce 和 zipWithIndex，以及 action：collect、action、take 和 first。在代码中练习使用它们。现在已经具备了 Scala 和 Spark 所需的所有知识，相信自己，大胆实践吧！

▶▶ 将 RDD 转换为 DataFrame

Apache Spark 编程本身也值得单独写一本书，不过在此我想介绍另一个很重要的概念，将在其中看到 case 类的实际使用。到目前为止，已经使用过了 Spark 的 RDD。RDD 是 Spark 的基本数据抽象，它们提供了类似于接口的集合。但是当与结构化的表格数据进行交互时，Spark 提供了另一种能显著简化处理逻辑的数据抽象模型——DataFrame。

如果使用过 Python 的 pandas 或 R 语言，就会知道它们中也存在 DataFrame 这样的数据结构的概念——类似于一张表。一个 DataFrame 由行和列组成，每个列都有名称和类型。这个数据结构提供了一组供自己使用的、能够进行关系数据处理的函数。例如，选择某些列、创建新的列、连接两个 DataFrame、筛选某些行或对一个或多个列应用某个函数。按照 Spark 的版本发展来看，Spark 的机器学习库和 Spark streaming 库现在都强调使用 Spark SQL 的 DataFrame 数据结构。虽然它们也有 RDD 的 API，但更倾向于使用 Spark SQL 的 DataFrame。

RDD 可以转换成 DataFrame。创建 DataFrame 的方法有很多种，包括将 CSV、JSON、XML 和 Parquet 文件加载到 Spark 中，以及从数据库中读取数据。但是为了强调 case 类的使用并将这些知识点连接起来，这里展示在使用 case 类时将 RDD 转换为 DataFrame 的方法。在 Spark 的文献中，这种方法被称为 Schema 反射。

▶▶ 加载数据到 Databricks 中

首先，创建一个小的 CSV 文件并将其上传到 Databricks，将以它为例子。这个示例可以类比许多实际场景，可以以文件的形式获取数据，并在 Apache Spark 中处理它们。

在本地系统的文本编辑器中写入一些记录，然后创建一个简单的 CSV 文件（我将其称为 simple_file），如下所示。

```
1,irfan,scala,pakistan
2,mark,java,usa
3,ehsan,python,portugal
4,arslan,java,pakistan
```

这是一个简单的 CSV 文件（每个字段由逗号分隔），其中有四行四列。

将 simple_file.csv 上传到 Databricks。单击左侧菜单中的 Data，然后单击 Add Data，如图 14-10 所示。

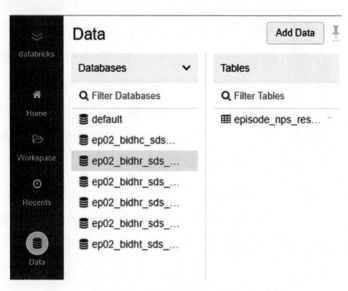

图 14-10 上传数据到 Databricks

完成之后，单击 Browse，如图 14-11 所示。

图 14-11 在 Databricks 中上传文件的 browse 选项

在本地文件系统中选择刚才创建的 CSV 文件。上传完成后，就会得到如图 14-12 所示结果。

注意文件上传的位置（本例中为/FileStore/tables/simple_file.csv）并创建一个新的笔记本。

图 14-12　成功上传文件到 Databricks 上

▶▶ 将 RDD 转换为 DataFrame

首先需要将数据加载到 Spark 中，以便对其进行一些分析操作。加载数据有很多种方式，这里使用下面这种方式。

```
val myData = sc.textFile("/FileStore/tables/simple_file.csv")
```

这样做可以加载文本文件的内容到 RDD 中。在这里使用了 sc（SparkContext），用到了它的函数（.textfile）并给函数传递了一个字符串参数（之前刚刚上传的文件的路径）。回忆下之前讲过的内容就能理解这段语法。使用这个函数后，将得到一个 RDD。就像每个列表都有一个类型（表示它保存的元素的类型）一样，RDD 也是如此。使用 sc.textFile 函数时，会得到 RDD[String]，也就是一个字符串类型的 RDD。

现在创建一个 case 类，用来表示 DataFrame 数据结构。定义每个列的名称和类型，可以用之前学到的创建 case 类的方法来创建。

```
case class DataSchema(id:Int, name:String,language:String,country:String)
```

这里定义了一个名为 DataSchema 的 case 类，并在其中定义了四个属性，它代表了文件在这个上下文中的对象模式。

首先需要处理 RDD。当前的 RDD 是 RDD[String]类型，也就是说，每个元素都是一个字符串。需要根据逗号拆分每个字符串，使其变为 Array[String]类型。只要遇到逗号，Spark 就会把字符串拆开。之前已经用过这些函数了。

通过使用 RDD 的 map transformation 来做到这一点，它看起来与集合中的 map 函数完全相同。

```
myData.map(x=>x.split(","))
```

然后将 Array[String]中的每个元素都转换为 `DataSchema` 对象。之前也有过类似的示例，以下是将上述操作连在一起写的方式。

```
val myDF = myData.map(x=>x.split(",")).map(x=>DataSchema(x(0).toInt,
                                                         x(1),
                                                         x(2),
                                                         x(3)
                                                )).toDF
```

在第二个 map 中，将 Array[String]中的每个元素都映射到了 case 类相应的属性上。注意，必须将 x(0)的类型转换为 Int，因为它表示 case 类的 id 属性，该属性是整数。完成所有操作之后，只需要调用.toDF 函数，就会看到 Spark SQL 强大的 DataFrame 了！注意将其保存在一个变量中，就像示例中所做的那样。

使用 Spark SQL DataFrame API

现在看看这个 DataFrame。可以使用.select 方法选择指定的 DataFrame 的列，该方法可以将列名作为参数，也就是传递一个类型为字符串的参数（还有可能是变长的参数，现在先不讨论）。

```
myDF.select("id").show()
```

如图 14-13 所示。

图 14-13　在 Spark SQL 的 DataFrame 上使用 select 函数

这里使用 .show() 函数可以将输出显示在屏幕上。对于 DataFrame 来说，这是一个 action 操作，也应该知道执行 action 后会做些什么。

还可以根据某些条件过滤 DataFrame 的行。

```
myDF.filter("language == 'java'").show()
```

如图 14-14 所示。

```
Cmd 7
  1  myDF.filter("language == 'java'").show()

  ▸ (2) Spark Jobs
+---+------+--------+--------+
| id|  name|language| country|
+---+------+--------+--------+
|  2|  mark|    java|     usa|
|  4|arslan|    java|pakistan|
+---+------+--------+--------+
```

图 14-14　在 Spark SQL 的 DataFrame 上使用 filter 函数

如图所示，它的 API 在结构上非常直观和简单。

在这一小部分内容结束之前，再强调一下 Spark 另一个很酷的特性。如果了解 SQL，那么就有可能知道它是用于数据分析领域的最常用的语言之一，并且通常作为关系型数据库的标准语言。它是一种声明性语言，只需要表达意图，其他由系统来完成就好了。正是由于这个原因，许多商业智能和数据分析师都大量使用 SQL，因为他们不需要学习编程语言来显式地定义要处理的逻辑。

在 Spark SQL 的 DataFrame 上进行 SQL 查询

如果有一个 Spark SQL 的 DataFrame，那么就可以对它进行 SQL 查询。这是 Spark 一个非常强大的特性，也是它被遍布世界各地的企业所采用的主要原因之一。

从 Scala 的角度来看，需要使用另一个名为 `spark` 的对象（这是一个 `SparkSession` 对象），并使用它的 `.sql` 函数将 SQL 查询作为字符串参数进行传递。在此之前，需要使用另一个函数，该函数能将 DataFrame 注册为表（该表仅存在于 SparkSession 对象的生命周期中）。

```
myDF.createOrReplaceTempView("df_temp")
```

通过这个函数，创建了一个可以通过 SQL 进行查询的 DataFrame 的别名。

接下来，使用 `spark.sql` 函数查询该表。

```
spark.sql("select * from df_temp where country = 'pakistan'").show()
```

结果如图 14-15 所示。

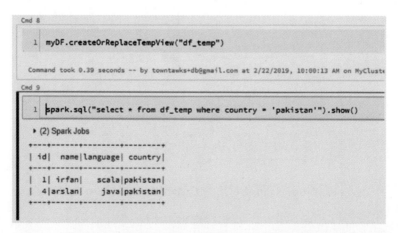

图 14-15　在 Spark SQL 的 DataFrame 上使用 sql 命令

我将在这里结束本节内容。到目前为止，已经开发了一些 Spark 中可用的 API（RDD 和 DataFrame），并且能够使用它们各自的功能来完成大数据分析。我要重申一下：无论是使用单个节点或多个节点的集群，还是在较小或较大的数据集上操作，都使用相同的逻辑和结构。

现在，看看如何运用 SBT 和 OOP 相关的概念来创建可以在集群中运行的 Spark 应用程序。

使用 SBT 创建 Spark 应用 ▶▶

就像创建任何其他的 Scala 应用程序一样，Spark 应用的创建流程几乎是相同的。

- 按照 maven 的标准构建项目文件夹（代码存放在 src/main/scala 文件夹中，测试用例存放在 src/test/scala 中）。
- 使用 build.sbt 定义依赖项（在本例中，定义与 Spark 相关的依赖项）。
- 通过 SBT 将代码打成 JAR 包。

这里还有一些需要注意的事项，后面遇到的时候再强调。

▶▶ 在 IntelliJ IDEA 中创建一个新的项目

现在开始在 IntelliJ IDEA 中创建一个新的项目吧！

- 启动 IntelliJ IDEA 并选择 New Project。
- 在左侧选择 Scala，在右侧选择 SBT，如图 14-16 所示。

图 14-16　在 IntelliJ IDEA 中创建一个新的项目

- 填写与项目相关的详细信息，如项目名称和所在路径。记得选择 JDK。对于这个项目，选择 Scala 版本 2.11.8。SBT 则可以选择 0.13.18 或更高版本，单击 Finish，如图 14-17 所示。

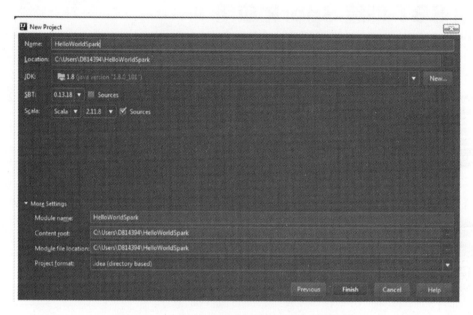

图 14-17　IntelliJ IDEA 中 Scala 项目的详细信息

点击 Finish 后，IntelliJ IDEA 将开始获取并管理与项目相关的所有依赖项（在这个阶段主要是 SBT 和 Scala）。所以给 IntelliJ IDEA 一些时间，可以在最底部的条形图上跟踪进度。

完成了准备工作后，发现已经创建好了所有项目所需的目录，甚至包括 build.sbt，这真是太棒了。

▶▶ 为 Uber JARs 管理 SBT 插件

双击 build.sbt，然后根据依赖关系的要求来完善这个文件。SBT 插件是一个能帮忙得到 Uber 或 Fat JAR 的一个工具。还记得前一章中提到过的这些术语吗？概括来说，就是创建一个能够在 build.sbt 中高亮显示所有依赖项的 JAR。可以把依赖项打包在 JAR 中，当把自身代码和所有的依赖项都打包到一个 JAR 时，这个 JAR 就变成了"Fat"或"Uber"。尽

管这会使 JAR 包变得臃肿，但这是一种管理依赖关系的可靠的方法。

另一种选择是在工作环境中管理依赖项，也就是配置 Java 类路径和 Spark，以便程序在运行时可以找到这些依赖关系。这种方法可能存在风险，因为不是所有的平台都可以按照期望来配置。因此，通常通过构建 Uber JAR 来避免这种情况。

为此，需要将 SBT 集成插件添加到项目中。添加方式很简单，只需要在工作目录中的项目文件夹里创建一个新文件，并将其命名为 assembly.sbt。然后添加以下内容：

```
addSbtPlugin("com.eed3si9n" % "sbt-assembly" % "0.14.9")
```

这样就已经添加了所需的插件，它也将有助于构建包含所有依赖项的 Fat JAR。

▶▶ 在 SBT 中管理 Apache Spark 依赖

接下来，需要在 build.sbt 中指定 Apache Spark 作为依赖项。然而，由于 Spark 与 Hadoop 高度集成，依赖项列表可能会根据需求的不同而有所不同（例如，如果想与 HDFS 和 Hive 集成，那么也必须包含这些依赖项）。简单起见，build.sbt 的内容看起来是下面这样的。

```
name := "HelloWorldSpark"
version := "1.0"
scalaVersion := "2.11.8"
libraryDependencies ++= Seq(
"org.apache.spark" %% "spark-core" % "2.4.1",
"org.apache.spark" %% "spark-sql" % "2.4.1"
)
assemblyJarName in assembly := "hello_spark.jar"

assemblyMergeStrategy in assembly := {
case PathList("META-INF", "MANIFEST.MF") => MergeStrategy.discard case
x => MergeStrategy.first
}
```

build.sbt 中的大部分结构看起来都很熟悉。但也有一些不同的地方。

- 没有单独指定库的依赖项，而是创建了一个 Seq() 来包含它们，并将它们设置为相互分隔的列表。

- 添加了 `assemblyJarName` 的部分，它与 SBT 集成插件相关。打包时创建的 JAR 应该用这个名称。

- `assemblyMergeStrategy` 也与 SBT 集成包相关。它用来处理两个类具有相同名称时的冲突问题。如果发生这种情况，可以告诉 SBT 插件如何处理产生冲突的类。它提供了不同的合并策略，如选择其中一个类并舍弃另一个类等。浏览 SBT 集成插件的网页以进一步理解这个概念，目前只要知道 SBT 集成插件的结构及合并策略就足够了。我的确遇到过这种冲突问题，所以我添加了这个部分，你也要记得添加这个部分。

现在 build.sbt 已经构建好了， IntelliJ 会再次进行一些处理，下载和索引所需的依赖项使配置生效。

▶▶ Spark 应用程序代码

完成上述步骤后，在 IntelliJ IDEA 中创建一个新的 Scala 文件并将其命名为 HelloWorldSpark.scala，添加如下内容。

```scala
import org.apache.spark.SparkConf
import org.apache.spark.sql.SparkSession

object HelloWorldSpark extends App{

  //初始化Apache Spark:
  val conf = new SparkConf()
  val spark = SparkSession.builder.config(conf).getOrCreate()


  val aList = List(1,2,3,4,5,6,7,8,9,10)
  val aRdd = spark.sparkContext.parallelize(aList)


  aRdd.filter(x=>x%2==0).map(x=>x*2).collect().foreach(println)
}
```

在这个代码片段中执行了以下操作。

- 从 Spark 包中引入必需的类。之所以这样做是因为在 build.sbt 中指定了将 Apache Spark 作为依赖项。

- 通过定义继承了 App 的 object 来创建一个可执行的 Scala 应用程序。

- 使用 new 关键字为 SparkConf 类创建了一个名为 conf 的对象。然后使用 conf 创建了另一个名为 spark 的对象。它与在 Databricks 笔记本中使用的 SparkSession 对象是一样的。在使用 Spark2 时（这是最新版本的 Spark）都要创建这些对象的。

- 从 SparkSession 对象访问 sparkContext 对象，并使用熟悉的 parallelize 函数并行化创建的 Scala 列表。

- 然后使用与之前相同的转换方式（filter 只过滤偶数）并映射为每个数字的二倍，再调用 collect 操作，并对返回的 Scala 数组使用 foreach 来显示数组的每个元素。这是很简单的操作。

这段代码将使 Spark 应用程序从列表中过滤了偶数，并将它们翻倍后的数值显示出来。这就像一个 Spark 的 HelloWorld 程序！

如图 14-18 所示为这个项目在 IntelliJ 中的样子。

图 14-18　IntelliJ IDEA 中的项目

现在编译并打包这段代码。可以在 IntelliJ IDEA 中启动一个终端，如图 14-19 所示。

终端启动后，就可以使用 sbt 命令启动 SBT shell。然后键入 compile 来编译项目，以检查是否存在编译时错误。

如果没有编译时错误，则键入 assembly，这会使 SBT 集成插件将 Scala 代码打包成

一个 Fat JAR。这是之前使用的 package 命令的另一种打包方式。如图 14-20 所示。

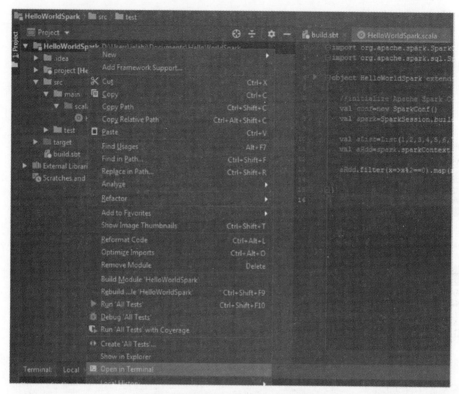

图 14-19　在 IntelliJ IDEA 中启动终端

图 14-20　在 IntelliJ IDEA 的 SBT shell 中编译与打包 Scala 代码

输出内容为：

```
D:\Users\ielahi\Documents\HelloWorldSpark>sbt
Java HotSpot(TM) 64-Bit Server VM warning: ignoring option
MaxPermSize=256m; support was removed in 8.0
[info] Loading settings for project helloworldspark-build from
assembly.sbt ...
[info] Loading project definition from D:\Users\ielahi\
Documents\HelloWorldSpark\project
[info] Loading settings for project helloworldspark from build.sbt ...
[info] Set current project to HelloWorldSpark (in build
file:/D:/Users/ielahi/Documents/HelloWorldSpark/)
[info] sbt server started at local:sbt-server-5d19e7429706954c02ef
sbt:HelloWorldSpark> assembly
[info] Compiling 1 Scala source to D:\Users\ielahi\Documents\
HelloWorldSpark\target\scala-2.11\classes ...
[info] Non-compiled module 'compiler-bridge_2.11' for Scala
2.11.8. Compiling...
[info]  Compilation completed in 24.806s.
[info] Done compiling.
[info] Strategy 'discard' was applied to a file (Run the task
at debug level to see details)
[info] Strategy 'first' was applied to 489 files (Run the task
at debug level to see details)
[info] Packaging D:\Users\ielahi\Documents\HelloWorldSpark\
target\scala-2.11\hello_spark.jar ...
[info] Done packaging.
```

创建了一个 JAR 包，并将其存储在 target/scala-2.11/location 中，如图 14-21 所示。

恭喜，JAR 包已经生成好了！

接下来，需要运行这个 JAR 或 Spark 的应用程序。为此，需要启动一个 Spark 集群。但不能再使用 Databricks Community Edition。要模拟这样的环境，可以使用 Cloudera QuickStart VM，它的设置过程很简单。

首先，从网上下载 Oracle VirtualBox 软件，然后从 Cloudera 的网站上下载 Cloudera QuickStart VM（不用担心，谷歌会帮忙找到的）。然后，使用 VirtualBox 启动 QuickStart VM。

启动之后，再开启一个 Linux 终端就可以了。

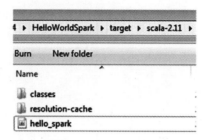

图 14-21 在 SBT 中打包/集成后创建的 JAR 包

假设现在已经启动了 Cloudera QuickStart VM。将 JAR 复制到 VM 中。现在可以通过 JAR 启动 Spark 应用程序了，这将是本书的最后一条命令。

```
spark2-submit --class HelloWorldSpark --master local hello_spark.jar
```

注意，如果 spark2-submit 不起作用，应该是因为 Cloudera QuickStart 版本的改变，尝试使用 spark-submit（注意一下，如果发现与 JAR 文件签名相关的错误，可以使用以下命令来解决：zip -d file.jar 'META-INF/*.SF' 'META-INF/*.RSA'）。

图 14-22 展示了在终端发出该命令时的内容。

```
[oracle@mporacler01 ~]$ spark2-submit --class HelloWorldSpark --master local  hello_spark.jar
19/04/12 17:53:09 INFO spark.SparkContext: Running Spark version 2.2.0.cloudera1
19/04/12 17:53:10 INFO spark.SparkContext: Submitted application: HelloWorldSpark
19/04/12 17:53:10 INFO spark.SecurityManager: Changing view acls to: oracle
19/04/12 17:53:10 INFO spark.SecurityManager: Changing modify acls to: oracle
19/04/12 17:53:10 INFO spark.SecurityManager: Changing view acls groups to:
19/04/12 17:53:10 INFO spark.SecurityManager: Changing modify acls groups to:
19/04/12 17:53:10 INFO spark.SecurityManager: SecurityManager: authentication disabled; ui acls
et(oracle); groups with view permissions: Set(); users  with modify permissions: Set(oracle);
19/04/12 17:53:10 INFO util.Utils: Successfully started service 'sparkDriver' on port 60077.
19/04/12 17:53:10 INFO spark.SparkEnv: Registering MapOutputTracker
19/04/12 17:53:10 INFO spark.SparkEnv: Registering BlockManagerMaster
19/04/12 17:53:10 INFO storage.BlockManagerMasterEndpoint: Using org.apache.spark.storage.Defau
rmation
19/04/12 17:53:10 INFO storage.BlockManagerMasterEndpoint: BlockManagerMasterEndpoint up
19/04/12 17:53:10 INFO storage.DiskBlockManager: Created local directory at /tmp/blockmgr-0250b
19/04/12 17:53:10 INFO memory.MemoryStore: MemoryStore started with capacity 366.3 MB
```

图 14-22 执行 spark-submit 命令

下面列出输出的一部分内容。

```
spark2-submit --class HelloWorldSpark --master local  hello_spark.jar
19/04/12 17:53:09 INFO spark.SparkContext: Running Spark version
2.2.0.cloudera1
```

```
19/04/12 17:53:10 INFO spark.SparkContext: Submitted application:
HelloWorldSpark
19/04/12 17:53:10 INFO spark.SecurityManager: Changing view acls to:
oracle
19/04/12 17:53:10 INFO spark.SecurityManager: Changing modify acls to:
oracle
19/04/12 17:53:10 INFO spark.SecurityManager: Changing view acls groups
to:
19/04/12 17:53:10 INFO spark.SecurityManager: Changing modify acls groups
to:
19/04/12 17:53:10 INFO spark.SecurityManager: SecurityManager:
authentication disabled; ui acls disabled; users  with view
permissions:Set(oracle); groups with view permissions: Set();users  with
modify permissions: Set(oracle); groups with modify permissions: Set()
19/04/12 17:53:10 INFO util.Utils: Successfully started service
'sparkDriver' on port 60077.
19/04/12 17:53:10 INFO spark.SparkEnv: Registering MapOutputTracker
19/04/12 17:53:10 INFO spark.SparkEnv: Registering BlockManagerMaster
19/04/12 17:53:10 INFO storage.BlockManagerMasterEndpoint:
Using org.apache.spark.storage.DefaultTopologyMapper for getting
topology information
19/04/12 17:53:10 INFO storage.BlockManagerMasterEndpoint:
BlockManagerMasterEndpoint up
19/04/12 17:53:10 INFO storage.DiskBlockManager: Created local directory
at /tmp/blockmgr-0250bd6c-6a3c-4a12-b255-28af82af630f
19/04/12 17:53:10 INFO memory.MemoryStore: MemoryStore started with
capacity 366.3 MB
19/04/12 17:53:10 INFO spark.SparkEnv: Registering
OutputCommitCoordinator
19/04/12 17:53:10 INFO util.log: Logging initialized @1856ms
19/04/12 17:53:10 INFO server.Server: jetty-9.3.z-SNAPSHOT
19/04/12 17:53:10 INFO server.Server: Started @1923ms
```

输出展示了 Spark 为了运行应用程序而初始化自身时生成的日志，现在不需要理解日志的每个输出行都意味着什么。

通过使用 `spark2-submit` 命令，启动了一个 Spark 应用程序（在此上下文中不使用

scala<jar>)。然后使用--class参数来指定主类，再通--master参数来指定要运行应用程序的集群管理器。我已经在本地模式下（即--master local，单节点）运行过了，但是如果安装了YARN，就使用--master yarn选项（这是它在生产环境中的执行方式）。最后指定要复制到VM的JAR。

当发出此命令时，它将在屏幕上显示大量内容。不要被吓倒！在这些内容中，可以找到想要的输出，如图14-23所示。

```
19/02/22 10:58:30 INFO client.TransportClientFactory: Successfully created con
200 after 107 ms (75 ms spent in bootstraps)
19/02/22 10:58:30 INFO util.Utils: Fetching spark://
f-4733-9a03-0ebcff16069e/userFiles-e7495967-f71f-456e-a44e-5d856e4ebf9f/fetchF
19/02/22 10:58:30 INFO executor.Executor: Adding file:/tmp/spark-a71431c5-3b7f
e4ebf9f/hello_spark.jar to class loader
19/02/22 10:58:30 INFO executor.Executor: Finished task 0.0 in stage 0.0 (TID
19/02/22 10:58:30 INFO scheduler.TaskSetManager: Finished task 0.0 in stage 0.
19/02/22 10:58:30 INFO scheduler.TaskSchedulerImpl: Removed TaskSet 0.0, whose
19/02/22 10:58:30 INFO scheduler.DAGScheduler: ResultStage 0 (collect at Hello
19/02/22 10:58:30 INFO scheduler.DAGScheduler: Job 0 finished: collect at Hell
4
8
12
16
20
19/02/22 10:58:30 INFO spark.SparkContext: Invoking stop() from shutdown hook
19/02/22 10:58:30 INFO server.AbstractConnector: Stopped Spark@4aa3d36{HTTP/1.
19/02/22 10:58:30 INFO ui.SparkUI: Stopped Spark web UI at http://
19/02/22 10:58:30 INFO spark.MapOutputTrackerMasterEndpoint: MapOutputTrackerM
19/02/22 10:58:30 INFO memory.MemoryStore: MemoryStore cleared
19/02/22 10:58:30 INFO storage.BlockManager: BlockManager stopped
19/02/22 10:58:30 INFO storage.BlockManagerMaster: BlockManagerMaster stopped
19/02/22 10:58:30 INFO scheduler.OutputCommitCoordinator$OutputCommitCoordinat
19/02/22 10:58:30 INFO spark.SparkContext: Successfully stopped SparkContext
19/02/22 10:58:30 INFO util.ShutdownHookManager: Shutdown hook called
```

图14-23　Spark应用程序的输出

能找到数字4、8、12、16和20吗？这就是Spark程序所期望的输出。只从一列数字（1到10）中过滤偶数，并将每个数字翻倍。

这样就创建完成了一个可执行的Spark应用程序，编译它的Uber JAR，然后在集群环境中成功运行它。相信我，这是一个巨大的成就。许多大数据领域的专家或大师都还在为这些东西而苦苦挣扎。但在这里，已经可以应用所学的所有Scala概念（以及Spark的一些概念）来创建一个成熟的应用程序了。这真的是种荣誉！再怎么强调都不为过。

结论及展望

恭喜学习完了这本书。这的确是一个值得赞扬的里程！然而，这并不是结束。事实上，它仅仅是众多大数据精彩内容的开始，还需要进一步学习、掌握，甚至逐渐精通更多内容，才能在大数据的世界中获得竞争优势。

在我看来，完成了这本书的学习，说明学习大数据的态度是认真的。大数据本身就是一个内容巨大的领域，它有很多维度。但最好的入门方法之一就是在对其他工具保持整体认知的同时，理解并掌握大数据生态系统中至少一种工具的技能。

在这种背景下，Apache Spark 就是一种先进的大数据处理引擎，应该重点关注并学习它，甚至在这一领域拥有丰富的经验。根据最新的一份调查报告（参见 https://www.techrepublic.com/article/the-top-10-big-data- frameworks- used-in-the-enterprise/）所示，Apache Spark 在当今企业所使用的大数据框架中处于领先地位。

下一步打算做什么呢？在我看来，有两个方向：

- 大数据方向：开始学习 Spark。学习 Spark 时，会很自然地接触到其他 Hadoop 技术，如 Hadoop 分布式文件系统（HDFS）、Hive、HBase、Kafka 等，因为 Spark 与所有这些技术都有很强的集成。那么如何学习 Spark 呢？可以买我提到的那本 Apress书籍，也可以报名参加我最畅销的 Udemy 课程，这门课程多次获得了最高评分。可以通过以下链接注册我的课程：

  https://www.udemy.com/apache-spark-hands-on-course-big-data-analytics

- 进阶 Scala 方向：Scala 还有很多需要学习的地方。还需要全面学习 Scala 面向对象及函数式编程方式、如何使用 SBT 之类的构建工具开发 Scala 应用程序，以及如何使用 Scala 进行测试驱动开发。此外，Scala 还有许多强大的框架，如 Play（一个 web 框架），现在很多开发人员正在利用它来构建微服务。akka 是另一个用于构建高并发应用程序的库。没有一个单一的资源可以学习完这些内容。我正计划写更多的书，并推出涵盖这些内容的课程，所以请记得关注这些吧！

总而言之，一个人只有通过实践才能成为一名优秀的开发人员，所以尽可能多地去练习。尽量每天至少写一行代码，不断想出解决更困难的问题的方法。在这个过程中会遇到失败，但如果能不断地从失败和错误中吸取教训，最终将会得到应得的东西。祝成功！可以通过我的博客（http://www.irfanelahi.com）或领英（https://linkedin.com/in/ irfanelahi）找到我。

感谢一起度过了一段美妙的旅程。现在去争取应得的荣誉吧！

此致。

问候！

Irfan Elahi

读者调查表

尊敬的读者：

    自电子工业出版社工业技术分社开展读者调查活动以来，收到来自全国各地众多读者的积极反馈，他们除了褒奖我们所出版图书的优点外，也很客观地指出需要改进的地方。读者对我们工作的支持与关爱，将促进我们为您提供更优秀的图书。您可以填写下表寄给我们（北京市丰台区金家村 288#华信大厦电子工业出版社工业技术分社　邮编：100036），也可以给我们电话，反馈您的建议。我们将从中评出热心读者若干名，赠送我们出版的图书。谢谢您对我们工作的支持！

姓名：_____　　性别：□男　□女　年龄：_____　　职业：_____

电话（手机）：_____　　E-mail：_____

传真：_____　通信地址：_____　邮编：_____

1. 影响您购买同类图书因素（可多选）：

□封面封底　　□价格　　　□内容提要、前言和目录　　□书评广告　□出版社名声

□作者名声　　□正文内容　　□其他_____

2. 您对本图书的满意度：

从技术角度　　　　　　□很满意　　□比较满意　　□一般　　□较不满意　　□不满意

从文字角度　　　　　　□很满意　　□比较满意　　□一般　　□较不满意　　□不满意

从排版、封面设计角度　□很满意　　□比较满意　　□一般　　□较不满意　　□不满意

3. 您选购了我们哪些图书？主要用途？_____

4. 您最喜欢我们出版的哪本图书？请说明理由。

_____

5. 目前教学您使用的是哪本教材？（请说明书名、作者、出版年、定价、出版社），有何优缺点？

_____

6. 您的相关专业领域中所涉及的新专业、新技术包括：

_____

7. 您感兴趣或希望增加的图书选题有：

_____

8. 您所教课程主要参考书？请说明书名、作者、出版年、定价、出版社。

_____

邮寄地址：北京市丰台区金家村 288#华信大厦电子工业出版社工业技术分社

邮编：100036　　电话：18614084788　　E-mail：lzhmails@phei.com.cn

微信 ID：lzhairs/ 18614084788　　联系人：刘志红

电子工业出版社编著书籍推荐表

姓名		性别		出生年月		职称/职务	
单位							
专业				E-mail			
通信地址							
联系电话				研究方向及教学科目			

个人简历（毕业院校、专业、从事过的以及正在从事的项目、发表过的论文）

您近期的写作计划：

您推荐的国外原版图书：

您认为目前市场上最缺乏的图书及类型：

邮寄地址：北京市丰台区金家村 288#华信大厦电子工业出版社工业技术分社
邮编：100036 电话：18614084788 E-mail：lzhmails@phei.com.cn
微信 ID：lzhairs/18614084788 联系人：刘志红